国家社科基金艺术学重大项目（项目批准号20ZD02）：国家文化公园政策的国际比较研究。

◆国家文化公园研究系列

国家文化公园
管理总论

GUOJIA WENHUA GONGYUAN GUANLI ZONGLUN

■邹统钎　主编

中国旅游出版社

责任编辑：刘志龙
责任印制：闫立中
封面设计：中文天地

图书在版编目（CIP）数据

国家文化公园管理总论 / 邹统钎主编. -- 北京 : 中国旅游出版社, 2021.8
（国家文化公园研究系列）
ISBN 978-7-5032-6660-7

Ⅰ. ①国… Ⅱ. ①邹… Ⅲ. ①国家公园－管理－研究－世界 Ⅳ. ①S759.991

中国版本图书馆 CIP 数据核字（2021）第 009284 号

书　　名：国家文化公园管理总论

作　　者：邹统钎　主编
出版发行：中国旅游出版社
（北京静安东里6号　邮编：100028）
http://www.cttp.net.cn　E-mail:cttp@mct.gov.cn
营销中心电话：010-57377108，010-57377109
读者服务部电话：010-57377151
排　　版：北京旅教文化传播有限公司
经　　销：全国各地新华书店
印　　刷：北京工商事务印刷有限公司
版　　次：2021年8月第1版　2021年8月第1次印刷
开　　本：720毫米×970毫米　1/16
印　　张：11.25
字　　数：165千
定　　价：39.00元
ISBN　978-7-5032-6660-7

目 录

第一章　概论

第一节　文化遗产管理理念及发展

文化遗产是具有历史、艺术和科学价值的文化及文物，包括历史文物、历史建筑、人类文化遗址等。文化遗产承载了地方和民族历史发展的轨迹，更承载着一个国家、一个民族文化生命的密码。在物质文明极大丰富的现代，对精神财富的追求成为社会越发迫切的需要。对于将人民对美好生活追求作为当前社会发展重点的当代中国，对文化遗产的利用与发展也变得愈加重要。

从文化遗产的研究角度来看，国内外对于文化遗产的研究主要从 20 世纪 70 年代之后逐渐兴起。实际上，文化遗产自古有之，对于之后被称作文化遗产的这些文物或文化的研究也由来已久，只是在这之前，学术界较少从遗产保护和可持续发展的视角去看待和研究这些文化及文物。1972 年，联合国教科文组织《保护世界文化和自然遗产公约》中正式提出了文化遗产的概念。此后，对于文化遗产的研究迅速增多，并成为相关研究的热点。

总体来看，文化遗产的研究多于自然遗产的研究，国内外高度重视世界文化遗产的保护与管理。近年来国外世界文化遗产保护与管理研究主要集中于遗产地保护、游客管理、遗产地居民管理、遗产旅游的影响等方面。与国外尤其是欧美等发达国家相比，我国的文化遗产保护与管理研究尚未建立起一套立法、资金、管理及公众参与等方面相对比较完善的保护制度。因此，对于我国文化遗产的保护与管理，我们有必要结合自身的情况，有选择地借鉴国外的成熟经验，从而更好地保护和管理我们珍贵的文化遗产，使之世代传承，永续利用。

一、文化遗产

文化遗产的概念是在 1972 年的联合国教科文组织《保护世界文化和自然遗产公约》中正式提出的，包括文物、建筑群和遗址，之后不断发展，又引入文化景观和口述及非物质遗产与之并立。文化遗产是由后代继承保留至今并为子孙后代造福的群体或社会的人工制品和无形财产，是人类活动和历史足迹的“活化石”，是社会发展的重要标志。

国内外文化遗产的研究始于 20 世纪 80 年代。由物质文化遗产特有的存在价值和稀有状态可知遗产保护与开发的课题研究在各个国家或社会中的重要程度。从研究对象来看，文化遗产的研究多于自然遗产的研究，这与全球世界文化遗产数量远多于（约 3 倍于）世界自然遗产的现实是有相关性的。

文化遗产是人类共有的财富，集多种功能价值于一体，我们要做的就是保护这种价值使之传承于后代，同时又要对其合理利用，使其价值得以体现、功能得以发挥。这也就引发了文化遗产具有什么样的价值和功能、保护利用应遵循什么样的原则和要求、采取什么样的方法以及保护经历了怎样的一个发展过程等相关问题的研究。

与国外尤其是欧美等发达国家相比，我国的文化遗产保护研究起步较晚。从实践上看，我国文化遗产保护实践仍存在盲目性、机械性和近利性等问题。中央政府对于文化遗产的纲领性引导及有限的资金供给与地方政府具体管理保护及经济发展的双重责任存在不衔接，中央政府保护资金投入的不足会直接影响地方政府的文化遗产保护行为。同时，我国土地产权的特殊性、政府行为的外部性以及存在的制度缺位、界定模糊等因素易导致保护主体责、权、利不清晰和文化遗产“公地悲剧”的发生。此外，部分文化遗产存在的私有产权与公共价值的内在冲突、保护与开发利用不协调等问题也使“非合作博弈”现象时常见诸报端，陷入“零和博弈”的困境。

截至2020年年底，我国现有世界遗产55项，国家考古遗址公园36处，国家级风景名胜区244个，全国重点文物保护单位5291处，国家历史文化名城134个，历史文化名镇312个，历史文化名村487个，中国传统村落6819个；世界非物质文化遗产40项，国家级非物质文化遗产1372项，国家级文化生态保护实验区21个，国家级非物质文化遗产生产性保护示范基地100个。面对如此类型众多，规模庞大的文化遗产，如何通过高效的管理促进文化遗产的可持续发展成为当前文化遗产发展的关键。

二、大型文化遗产

由于历史上文化间的相互共通和社会往来，导致诸多文化遗产呈现出极具规模的带状、区状、线状等空间分布特征。大型文化遗产作为一种大尺度的文化遗产，在地区文化历史上有着重要地位和突出价值。大型文化遗产多以廊道或线性形式存在，相关概念如遗产廊道（Heritage Corridors）、文化线路（Cultural Routes）、线性文化遗产（Liner or Serial Cultural Heritage）等遗产概念。线性文化遗产是指在拥有特殊文化资源集合的线形或带状区域内的物质和非物质的文化遗产族群，往往出于人类的特定目的而形成一条重要的纽带，将一些原本不关联的城镇、村庄等串联起来，构成链状的文化遗存状态，真实再现了历史上人类活动的移动，物质和非物质文化的交流互动，并赋予作为重要文化遗产载体的人文意义和人文内涵。

遗产廊道主要发展于美国，是国际遗产保护界内专门针对大尺度、跨区域、综合性线状文化遗产保护的新思维与新方法，其强调遗产的文化意义和自然价值，由认定单体遗产转变为沿线系列遗产的认定与评价，是一种追求遗产保护、区域振兴、居民休闲和身心再生、文化旅游及教育多赢的多目标保护规划方法。文化线路最早出现于欧洲，世界遗产大会（2003）将文化线路定义为一种基于自身和历史的动态发展和功能演变陆地道路、水道或者混合类型的通道，代表通过物质和非物质遗产的文化在时间和空间上的交流与相互滋养，强调线路带来的各文化社区间的交流和相互影响。不论是线性文化遗产中的遗产廊道还是文化线路，都强调空间、时间和文化因素，强调线状各个遗产节点共同构成的文化功能和价值以及至今对人类社会、经济可持续发展产生的影响。

UNESCO（1998）引入文化空间用于非物质文化遗产管理，强调保护客观本体和精神内涵的生命力。世界遗产与可持续旅游项目（world heritage and sustainable tourism program，WHASTP）提出通过对话与利益相关者合作实现旅游发展与遗产管理在目的地层面整合，文化遗产价值得到尊重与保护，旅游得到适度开发。吴良镛认为文化遗产的利用与管理要注重保护地域文化，发扬文化内涵。国际上相关的经验做法有：①立法保护：如日韩制定《文化财保护法》，日本有“人间国宝制度”，韩国有“人类活的珍宝制度”，法国有艺术大师制度，澳大利亚有土著非遗权力立法。②数字保存：法国社区非遗清单编制体系、苏格兰 Wiki 数字清单编制平台、韩国网络非遗百科全书、日本动作捕捉和 3D 扫描重建等技术应用。

在遗产廊道、文化线路等基础上形成的大型文化遗产的理念和保护研究也逐渐成为国际文化遗产保护研究关注的热点。遗产区域理念和文化遗产廊道理念作为大尺度文化景观保护的一种较新的方法，将在特定时间、空间、文化上具有关联度的遗产单体整合为一项综合性遗产，强调通过对地方历史文化、自然和游憩资源的综合保护与利用，引入保护与发展两类团体的参与机制，同时兼顾自然、历史、文化、教育以及经济效益等诸多因素，搭建起一个多层次、立体化、完整的区域遗产保护框架，实现遗产保护、经济发展、重建区域身份、提供游憩机会等多重目标。在这种理念下，文化遗产的管理通过以立法为核心，以公众参与为主要特点，并建立相应法律制度、行政管理制度、资金保障制度这三项基本内容，以及相应的监督制度、公众参与制度的文化遗产保护制度，形成中央及地方两级管理体系。

此外，各个国家均有许多鲜活的关于大型文化遗产的管理模式的创新实践。如美国国家公园体系、意大利“遗产领养”、澳大利亚三级管理、日本以“地域制”法律为核心的全民参与、印度尼西亚“文化地图”与分项目秘书处、埃及数字化管理等。

三、文化遗产管理理念及发展

国外对遗产产业的研究始于20世纪80年代，其关于遗产旅游的研究已经取得了丰富的成果，研究广泛且比较深入，已形成了多学科、多层次的局面，大量的案例研究也保证了研究成果的可靠性。我国遗产旅游研究开始于20世纪90年代，集中于21世纪初。从近十年的国内研究成果来看，学者们普遍关注的有世界文化遗产的保护、游客管理、遗产地居民管理、遗产旅游的影响、管理制度与立法等方面。对于文化遗产的管理，国外主要经历了由以文物保护修复为重点到实现文物的活化利用的管理思路演变，并逐渐向价值引导的规划管理转变。价值引导的规划管理（values-led approach to planning）保护的前提是认识其价值、属性、真实性、完整性，还要认识其地方价值与属性。

在20世纪70年代以前，学者对于文化遗产研究的重点主要集中于如何进行完整的修复和重现。1844年，法国Duc提出整体修复或风格修复的思想。英国Ruskin（1949）与Morris（1877）主张维持性修复或日常维护。1931年，《雅典宪章》强调尽最大可能保留完整历史信息与选择性保留与整体搬迁。1954年，海牙《武装冲突情况下保护文化遗产公约》提供了文化遗产避免战争损害的超时空、超阶级、超民族、超国家保护理念。1964年，《威尼斯宪章》（《国际古迹保护与修复宪章》）强调了古迹保护与修复的原真性和整体性原则。鼓励新技术应用，但确保"缺失部分的修补必须与整体保持和谐，同时必须区别于原作，确保修复不歪曲艺术或历史见证，即可识别原则"。

20世纪70年代后的现代遗产管理则强调保护的原真性、最小干预、可辨识等原则。1972年联合国教科文组织（UNESCO）在巴黎通过了《保护世界文化和自然遗产公约》，1975年《阿姆斯特丹宣言》特别强调了整体性保护的一些具体原则。保护既是地方机构的责任，也要唤起市民的参与；任何保护政策的成功都有赖于对社会因素的合理考虑；保护需要立法和行政手段的协调；保护需要适当的财政手段；保护需要改进修缮、复原的方法、技术和工艺。

1981 年国际古迹遗址理事会（ICOMOS）与国际历史园林委员会共同起草保护历史园林的《佛罗伦萨宪章》。

国际文化遗产保护理念经历了从历史性纪念物的修复保护到城市景观和遗址及其环境保护的过程，从建筑遗产的保护到历史地区、历史园林、历史城镇及其环境保护的过程，从考古遗产的保护到乡土建筑遗产、产业遗产和无形文化遗产保护的过程，从强调文化遗产保护到注重文化遗产价值的过程。

1994 年，世界遗产委员会于泰国普吉通过《关于原真性的奈良文件》，认为文化遗产原真性的观念及其应用扎根于各自文化的文脉关系之中，应予充分的尊重。重视文化与遗产的多样性。

2003 年，联合国教科文组织在巴黎通过《保护非物质文化遗产公约》。

2005 年，国际古迹遗址理事会在西安通过了《关于历史建筑、古遗址和历史地区周边环境保护的西安宣言》，强调有必要“充分应对由于生活方式、农业、发展、旅游或大规模天灾人祸所造成的城市、景观和遗产线路的骤变或渐变”，“充分认识、保护和延续遗产建筑、遗址和地区在其环境中的存在意义，以减少这些变化进程对文化遗产的真实性、意义、价值、完整性和多样性所构成的威胁”。

2007 年，北京召开了“东亚地区文物建筑保护理念与实践国际研讨会”，会议通过的《北京文件》，就中国、东亚地区、东方乃至世界文物建筑保护的一些问题达成基本共识，尤其对东方木结构建筑的保护与修缮等一系列问题提出了操作准则，充分表明了全球对文化遗产保护多样性的认识在不断深化。

2008 年，国际古迹遗址理事会在加拿大魁北克通过《魁北克宣言》，提出捍卫有形和无形遗产，以保存场所精神。

2011 年，国际古迹遗址理事会在巴黎召开，会议主题是“遗产是发展的动力”。

2014 年，国际古迹遗址理事会在意大利佛罗伦萨召开，大会的主题是“作为人文价值的遗产和景观”，分为“旅游与阐释”“文化栖息地”“传统知识”“赋权社区”“保护工具”5 个副主题，进一步强调文化遗产的价值（见图

1–1）。

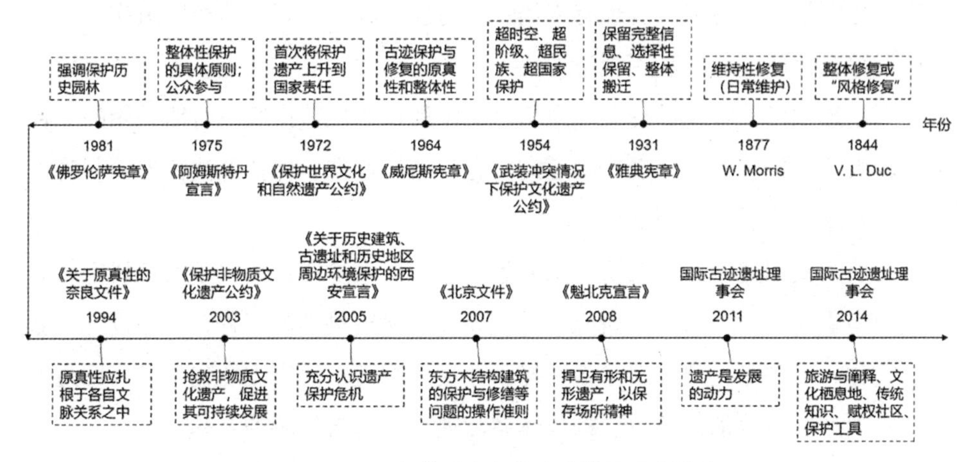

图 1–1　国际文件重大文化遗产管理理念演变

总体来看，在国外对于非物质文化遗产的保护与管理研究中，研究主体以社会学家、文化人类学家、民族学家和旅游学者居多；研究主题侧重于对非物质文化（遗产）旅游的真实性和商品化、非遗旅游语境下的文化涵化、身份认同、社区参与、权力关系、动力机制、立法保护等问题的探讨，取得了丰硕的研究成果；研究内容主要集中在非物质文化遗产旅游的真实性与商品化、政治性质、旅游影响、立法保护、动力机制等方面；研究的理论和方法方面，国外学者多运用社会学、人类学、民族学理论，结合案例分析、模型建构，并采用文献归纳法、参与观察法、深度访谈法、问卷调查法、民族志研究法等方法，多学科交叉方法较为明显。然而，我们应该清醒地意识到，要想对我国珍贵的非物质文化遗产进行有效的保护和传承，必须寻求一条有效的保护和传承非物质文化遗产的途径。

中国文化遗产管理对象从物质文化遗产延展到非物质文化遗产；遗产外延从历史古迹转变为文化意义；管理准则从真实性拓展到完整性与多样性；保护模式从抢救性技术核心拓展到预防性综合管理；技术准则从单一普适趋向于多元具体。

对于重大文化遗产的管理模式，国外重大文化遗产管理模式有国家公园、国家文化财等。线性遗产管理有文化线路与遗产廊道模式。遗产廊道作为一种跨区域综合性遗产保护利用理论方法，汇集了多种功能和优点，为遗产保护和开发利用提供了一种新的理念和视角。美国保护线性遗产区域时所采用的一种范围较大的保护措施——遗产廊道的概念、选择标准、保护的法律保障和管理体系以及遗产廊道保护规划。

目前，我国遗产廊道的研究尚处于起步和探索阶段，侧重于实证研究，研究视角集中在宏观大尺度，研究学科主要涉及建筑科学与工程、景观设计、旅游、文化、考古等，研究对象多选择工业遗产廊道，研究主题包括遗产廊道的构建、遗产廊道价值的评价、构成体系和遗产廊道与旅游的互动。

完整性是线性遗产管理的关键原则。完整性包括功能完整性、结构完整性和视觉完整性。完整性不仅承认不同文化的多样性，还强调将过去与现在联系起来的“连续性”。完整性关注遗产管理范围和整体价值保护：①资源完整性，即保护遗产本体和物质结构的完整、与所在环境的协调连续、当代城市发展与历史环境复兴的平衡及遗产原有社会功能的完整；②文化完整性，将具有同一历史基因、民族精神的文化遗产相互关联，对其历史文脉进行完整性保护。

第二节　国外国家公园管理理念及发展

一、国家公园

一些人认为，“国家公园”作为一种思想最早可追溯到1810年的英国，当时它被称为“national property”而非“national park”。1832年，一位名为乔治·卡特林（George Catlin，1796—1872）的美国艺术家呼吁美国政府制定保护政策设立一个伟大的公园（magnificent park），一个国家的公园（nation’s park）。1868年，乔赛亚·惠特尼（Josiah Whitney）撰写的《约塞米蒂指南》

中，把约塞米蒂描写成“国家公共公园”（Runte，1990）。

美国人的公园思想受益于欧洲的城市公园理念。美国文人在学习、继承与发展欧洲社会文化的过程中，在新兴国家诞生成长和自由、民主与平等思想广泛传播的过程中，在比照欧洲民族国家的标志形象并反思美国人文化自信不足、民族自卑感流行的背景下，在全球范围内，在以远离城市为代表的荒野环境，率先提出了设立“国家公园”的新概念。联邦政府随后于 1872 年以国会立法形式，创立了世界上第一个国家公园——黄石公园。

国家公园这个概念并没有全球通用的严格定义，一般只认为其有三方面的共性特点：一是价值较高的保护区域（包括水域）；二是需要兼顾保护与利用，要为公众提供多种服务，不能全域封闭管理；三是国家对其保护与利用要承担重要责任。世界上对国家公园概念的界定，认可度相对较高的是美国国家公园以及自然保护联盟（IUCN）保护地体系中对国家公园的界定。成立于 1948 年的 IUCN 是由联合国教科文组织发起的政府间国际组织，至今已有来自 160 多个国家的 15000 多名科学家参与其中，其在 1962 年对世界自然保护地进行的国际性的命名和分类指南（见表 1-1）已成为一个自然保护地全球性标准和划分自然保护地类型的通用方法。

IUCN 在划分不同类型自然保护地的同时沿用了“国家公园”这一概念，并在总结不同国家对国家公园建设的经验教训基础上提出国家公园的定义。如今，这一定义已成为国家公园内涵的重要依据和国际标准。

表 1-1　IUCN 六大保护地管理类型

保护地类别		名称
I	I a	严格自然保护区（Strict Nature Reserve）
	I b	自然荒野地（Wilderness Area）
Ⅱ		国家公园（National Park）
Ⅲ		自然纪念物或者特征（Nature Monument or Feature）
Ⅳ		栖息地/物种管理地（Habitat/Species Management Area）

续表

保护地类别	名称
Ⅴ	风景/海景保护地（Protected Landscape/Seascape）
Ⅵ	自然资源可持续利用保护地（Protected Area with Sustainable Use of Natural Resources）

资料来源：舒旻．国家公园技术标准体系框架——云南的探索与实践［M］．昆明：云南人民出版社，2014：7-9.

1969年，IUCN将国家公园归为6种保护区中的一个类别，并在1971年将进一步扩展，从而形成了更加清晰和明确的评估国家公园的基准。包括：在优先保护自然的区域内，最小面积为10平方千米；法定法律保护；预算和人员足以提供足够的有效保护；禁止开展体育、狩猎、钓鱼等活动，需要对自然资源采取管理和合格的配套设施（包括开发水坝）。国家公园既是跨区域保护自然资源的有效方式，也是大型文化遗产资源的利用载体。王维正认为关于中国国家公园的界定存在着狭义论和广义论的争论。狭义的国家公园是指国家级风景名胜区，广义上还包括国家级自然保护区、国家森林公园、国家湿地公园等，主要是指拥有国家级称号的自然与文化遗产。

IUCN指出国家公园具有生态保护性、国家性、综合目的性、全民公益性。保护是联合国教科文组织（UNESCO）和中国古迹遗址保护协会（ICOMOS）等国际法规制定的基本原则和根本目的，利用逐步深化、拓展为价值阐释即公共教育。根据2013年IUCN的指南，对于类别Ⅱ国家公园的定义是指“大面积的自然或接近自然的区域，设立的目的是保护大规模（大尺度）的生态过程，以及相关的物种和生态系统特性。这些保护区提供了环境和文化兼容的精神享受、科研、教育、娱乐和参观机会的基础”（Dudley，2013）。

在实践中，一些国家对国家公园的分类则是依据IUCN其他不同的管理类型，虽然称之为国家公园，但在自然特征、保护对象和管理体制等方面差异极大，分别属于不同的保护区类型。与一般的自然保护地相比，国家公园范围更大、生态系统更完整、原真性更强、管理层级更高、保护更严格，突出原真性和完整性保护，是构建自然保护地体系的“四梁八柱”，在自然保护地体系中占有主体地位。

随着我国社会经济的快速发展，自然和文化遗产保护与利用的矛盾日益凸显，而旅游发展过程中所带来的破坏性开发、环境污染、资源浪费等弊端日益凸显。探索国家公园体系不仅是在自然资源整合及保护的基础上促进环境的改善和生态优化，更是通过代表性的自然景区的建设满足人们日益增长的精神文化需要，成为我国文化软实力的“新名片”。

二、国家公园管理理念及发展

经过上百年的探索实践，国家公园的发展模式已成为世界上自然保护的一种重要形式。全球 200 多个国家和地区的国家公园总面积已超过 400 万平方千米，占全球保护面积的 23.6%。国家公园从概念的提出到实体公园的建立，从单个类型发展到国家公园体系，从一个国家发展到全球 200 多个国家。国家公园不仅承担着自然生态环境保护的基本功能，也发挥着自然保护思想培育、科学研究、环境教育、自然游憩等多种作用，目前已成为世界上使用最广泛的保护地模式。

国家公园之所以能够持续不断地发展，生机勃勃经久不衰，是因为它的发展理念体现了可持续发展，人与自然和谐共处的思想。国家公园的管理思想，可主要归为生态优先思想、国家象征思想和全民公益思想三个部分。

（一）生态优先

国家公园管理理念中的一项重要内容便是保护优先的管理理念，保护优先的管理理念要求更加谨慎、科学地处理好保护与利用的关系，这比以往都更具有刚性约束和挑战性。保护为核心的要求对涉及国家公园的旅游资源利用方式、旅游者游览方式也将会带来直接的影响。“生态保护第一”的理念是生态文明建设的核心宗旨，也是建立国家公园体制的宗旨。国家公园的首要功能是保护，因此要杜绝一切与保护目标不一致的开发利用方式和行为，更不能借国家公园之名进行开发区、旅游区建设。在国家公园内，有限的旅游设施必须严格服从生态保护的各项要求，对游客也会实施严格限定游览范围和方式的生态旅游模式。

（二）国家象征

国家公园作为国家所有、全民共享、世代传承的重点生态资源，是国家生态安全的重要屏障，是国家形象的名片。国家公园在局部利益和个体利益面前要始终以国家利益为重。国家公园既是国家精神的庄严象征，也是传统文化传承和爱国主义教育的生动课堂，有助于彰显新时代国家形象。

（三）全民公益

国家公园应给公众提供游憩、观赏和教育的场所，让全体公民享受国家公园的福利，使民众能够感受自然之美，接受环境教育，培养爱国情怀，促进社区发展。在国家公园制度设计中，应保证每个国民平等参访的权利，以国民福利为原则，实行低费用门票以及相配套的预约制度。国家公园是“国家性”和“公众性”的高度结合，“国家性”是国家公园的基石，“公众性”则是国家公园的宗旨，强调管理的公益性、国家主导性和科学性也是国家公园管理理念的重要内容。国家公园公众性、公益性的要求是树立国家公园体系核心价值的体现。确保“全民福利”、确保“全民教育”、确保公众积极参与。坚持生态保护第一、国家代表性、全民公益性的国家公园理念，是国家公园管理的基本理念。

当前，中外文文献中对国家公园的研究工作侧重点有显著差异：外文文献中主要就国家公园的理念与界定范围、国家公园的建设与管理的经验、国家公园专项管理模式、管治机制以及监测评估机制等几个方面进行探讨；中文文献研究主要集中在国家公园概念的辨析、其他国家的国家公园建设经验的比较与借鉴、我国建设国家公园的可行性及建设构想、试点地区的案例研究等方面。

目前，相关研究多集中于动植物保护型国家公园（尤其是森林保护型），对于其他类型的自然保护地，甚至是民族民俗、历史文化类型保护地的相关研究较欠缺。在本底资源类型不同的国家公园中，管治模式是否会有所不同；游客、公园管理者、社区居民等利益相关方之间的关系是否也会呈现出差异性特点，这些都是未来亟待学者们解答的问题。最后，结合当前“泛生态旅游”发展模式负面效应频现、国家大力推进国家公园体制建设的背景环境下，今后应更多地从中国特有的土地制度、资源归属、利益分配、管理体制、监管制度、利益相关者责任等角度展开探讨，这些方面应成为我国国家公园建设和管理研究的重点方向。

三、文化遗产类国家公园的管理理念

国家公园和重大文化遗产概念在国际上已存在一百多年。通过对 CNKI 与 WOS 检索发现，国内外国家公园研究成果聚焦生态和环境研究，政策研究较少。文化遗产保护利用研究国内呈现“保护研究多，利用研究少，非物质文化遗产研究成果丰富”的特点，国外则侧重考古、环境与科技的应用。

国外的理论与实践多是基于外国的国情建立的，中国的理论研究侧重对国外理论的评介与经验的总结。现行理论对各国国家文化公园的目标体系、确立标准与创建路径、体制机制与法规体系的国情基础的适用性研究有待深入与细化，尚未完成符合中国国情的国家文化公园管理体制建构。

虽然国家公园在美国的研究和实践最为成熟，但这些成就是基于美国以自然遗产居多的国情形成的。同时，美国对于一些大型文化遗产采用遗产廊道的形式进行管理。与美国不同的是，如中国、日本及一些欧美国家由于历史悠久，文化遗产丰富，同时中国由于幅员辽阔，其大型文化遗产也广泛分布。因此，对于大型文化遗产的管理有必要借鉴国家公园管理的思路，同时结合国情开展可行性分析。

基于此，在中国国家文化公园逐渐开展的背景下，我们需要梳理一下文化遗产类国家公园，即以大型文化遗产形式存在的国家公园的发展思路和管理形式。以下则从遗产保护体制、资金保障体制、空间规划与功能分区、跨区域合作与协调、全国管理机构与组织、分级分类管理体系、权力与资金和空间管理与跨区域协调八个方面对于文化遗产类的国家公园管理方案进行概括分析。

（一）遗产保护体制

遗产资源是特殊的公共资源，管理过程易陷入“公共悲剧”与集体行动逻辑困境。常见模式有中央垂直管理、属地管理与综合管理：①以美国为代表的中央统一垂直管理国家公园体系。②以英日为代表的多位一体属地管理为主的中央及地方两级管理体系。英国由国家环境保护部和地方规划部门分别作为中央和地方的历史文化遗产保护机构。日本采取双平行体系，即由文化厅和城市规划部门两个相对独立、平行的行政体系分管。③以法德等国家为代表的社区综合管理模式。法国将整个遗产社区作为保护空间，由公共权力机构和当地居民共同设想、共同修建、共同经营管理。我国遗产管理存在问题的最基本原因是不把遗产的保护和保存“放在第一位”“为前提”“为根本”。因此，要建立适合我国国情的文化遗产管理体制需改革行政管理体制、设计管理制度和制定规范标准，则应推动政府角色由主导、主持向协调、监管转变。

（二）资金保障制度

国家和地方政府财政拨款是主要来源，社会资金为辅助，以确保文化遗产的公益属性。发挥非政府组织、民间团体、企业及个人等社会力量，实现资金投入多元化是趋势：①依靠税收制度改革和经济激励机制带动私人业主及企业投资；②设立非营利性半官方或民间基金组织。如英国国家文物纪念基金、德国历史遗产保护基金会、日本艺术文化振兴基金会、澳大利亚布什遗产基金会等；③发行文化遗产彩票、设立历史遗产保护的公益信托机构等方式。

（三）空间规划与功能分区

联合国教科文组织“人与生物圈计划”倡导国家公园功能分区，即核心区、缓冲区和实验区。文化遗产可根据不同层级的遗产特征建立层级式保护区划。Ellickson（1973）等认为地约权、妨害行为规则、罚款等比分区管制更公正有效。

（四）跨区域合作与协调

西方国家构建遗产廊道、历史街区等开展区域化遗产保护与利用，采取专门委员会管理和地方政府多部门协同管理方式，根据地理条件和属地环境由国家、地方和非营利组织一起保护文化遗产与人文氛围。我国引入“遗产廊道”对大运河、丝绸之路等线性遗产构建区域合作和利益共享保护机制。

（五）全国管理机构与组织

研究建立全国统一的管理机构，构建“统分结合”的基本框架。美国等实行中央直管，德国等实行地方自治，日本实行中央管理与多元参与相结合的模式，法国增设协调机构加强管理。因此，我们得到的经验是，设立统一管理机构是国际一般做法，但需考虑中外国情的差异。同时，在土地征用或职能指导方面需发挥中央职能，在地方上重视全国“整体要求”的基础上确定地方“主动行动范围”。

（六）分级分类管理体系

重点包括有限发展、分级管理、分类治理三大原则。分级分类管理体系的建设应从“文化地标”属性入手，解决数量庞大，类型多样的难题。同时，借鉴日本设定“国家公园”（20 多处，中央管理）和“国定公园”（50 多处，地方管理），实行分级管理经验。此外，应加强研究美国等国的中央统一管理模式，研究日本、西班牙、意大利等国在城镇、社区空间复合的管理模式，研究有限性原则和门槛，确定分级分类管理框架。

（七）权力与资金

权力与资金方面强调对所有权、经营权、处置权三权的确定与安排。美国国家公园的土地是国有的，权责集中于中央。英国、德国等保留较多地方权力。法国另设机构作为协调和补充。相关方面的研究聚焦于资金筹措与收支管理模式。其中，中央统筹和地方参与等模式，各有利弊。法国通过设核心区和加盟区加以区别，日本等则采取特许经营，调动社会投资和参与。未来相关研究应多关注资金投入多元化机制，既要保障全民公益性，需要政府保障投入，又要发挥非政府组织、民间团体、企业以及个人等社会力量，形成政府公共资金和社会公益资金多元投入资金保障模式。

（八）空间管理与跨区域协调

以文化遗产空间上的完整保护为指导原则，研究法国“核心—加盟”模式以及美国、加拿大的分区管理，发展核心—边缘理论和三区结构模式（Forster，1973）。研究管控保护、主题展示、文旅融合、传统利用四类主体功能区的功能融合模式。如美国、加拿大等初期侧重保护和教育、法国侧重文化保护、日本侧重多元利用。美国引入“遗产廊道”等理念构建大型跨区域文化公园区域合作与协调机制，实现有统有分、有主有次，分级管理、地方为主，最大限度调动各方积极性，实现共建共赢。同时，各国也高度重视文化传承和价值观建立，美、英、法、日等国通过机构设立立法、教育等形式实现意识形态领域功能。

第三节　国家文化公园管理理念及发展

一、国家文化公园

2017 年，《国家“十三五”时期文化发展改革规划纲要》提出，我国将依托长城、大运河、黄帝陵、孔府、卢沟桥等重大历史文化遗产，规划建设一批国家文化公园，形成中华文化的重要标识，这是国家文化公园概念首次在国内提出。

“国家文化公园”概念属国内首创，目前还无统一定义。学术界有一种观点认为“国家文化公园是国家公园的一个分支”。有学者将国家文化公园定义为以保护传承和弘扬具有国家或国际意义的文化资源、文化精神或价值的主要目的，兼具弘扬与传承中华传统文化、爱国教育、科研实践、国际交流、旅游休闲、娱乐体验等文化服务功能，且经国家有关部门认定、建立、管理的特殊区域。

国家文化公园对我国具有重要意义，建设国家文化公园是深入贯彻落实习近平总书记关于发掘好、利用好丰富文物和文化资源，让文物说话、让历史说话、让文化说话，推动中华优秀传统文化创造性转化创新性发展、传承革命文化、发展先进文化等一系列重要指示精神的重要举措。国家文化公园不仅是中国文化传播的重要渠道，也是文化与旅游融合发展的新名片。

因此，国家文化公园的建立，一方面秉承着一些国家公园的管理理念（如国家象征、全民公益）即管理模式，另一方面不但专注于国家公园的自然资源，而且聚焦于具有国家象征性和全民共享性的大型文化资源，并以大型文化遗产为依托。国家文化公园不仅在实践上借鉴了国家公园和大型文化遗产的建设经验，也在国家公园研究和大型文化遗产研究的基础上融合推进。

国家文化公园的建立，对于旅游业的发展来说，具有转折性的意义。过去，由于政府财政力量不足，各地将旅游资源作为创收工具，将旅游产业作为经济产业。事实上，旅游，尤其是游览国家名山大川、历史古迹的旅游，具有培育爱国情怀、凝聚国家共识、激发民族自信的作用，应是国家提供给国民的福利，也是国民教育的重要形式之一。欧美日等发达国家，用国家财政将本国这类旅游资源、文化资源养起来，以国家公园、历史公园等方式开放给国民。

二、三大国家文化公园的发展

2019 年 7 月 24 日，在中央全面深化改革委员会第九次会议上，审议通过了《长城、大运河、长征国家文化公园建设方案》（以下简称《方案》）。2019 年 12 月 5 日，中共中央办公厅、国务院办公厅印发该《方案》，标志着三大国家文化公园建设迈出了实质性的一步。

《方案》强调，要以习近平新时代中国特色社会主义思想为指导，全面贯彻党的十九大精神，以长城、大运河、长征沿线一系列主题明确、内涵清晰、影响突出的文物和文化资源为主干，生动呈现中华文化的独特创造、价值理念和鲜明特色，促进科学保护、世代传承、合理利用，积极拓展思路、创新方法、完善机制，到 2023 年年底基本完成建设任务，使长城、大运河、长征沿线文物和文化资源保护传承利用协调推进局面初步形成，权责明确、运营高效、监督规范的管理模式粗具雏形，形成一批可复制推广的成功经验，为全面推进国家文化公园建设创造良好条件。

《方案》要求，要修订制定法律法规，推动保护传承利用协调推进理念入法入规；要按照多规合一要求，结合国土空间规划，分别编制长城、大运河、长征国家文化公园建设保护规划；要协调推进文物和文化资源保护传承利用，系统推进保护传承、研究发掘、环境配套、文旅融合、数字再现等重点基础工程建设；要完善国家文化公园建设管理体制机制，构建中央统筹、省负总责、分级管理、分段负责的工作格局，强化顶层设计、跨区域统筹协调，在政策、资金等方面为地方创造条件。要加强组织领导和政策保障，广泛宣传引导，强化督促落实，确保《方案》部署的各项建设任务落到实处。

《方案》系统回答了长城、大运河、长征国家文化公园建设的背景、原则、目标和方向，也通过具体的安排、任务和举措等，明确了国家文化公园未来建设的五大重要路径，分别为法律保障、规划引领、分级管理和分区管理、融合发展、基础配套。

综合来看，三大国家文化公园共涉及 28 个省份，几乎覆盖全国（仅海南省、上海市、西藏自治区和港澳台不涉及），部分省份涉及 2 个国家文化公园，河南省 3 个国家文化公园均有涉及（见表 1–2）。

表 1–2　各省市区国家文化公园数量

省市	数量
河南	3
北京、天津、河北、山东、陕西、甘肃、青海、宁夏	2
福建、江西、湖北、湖南、广东、广西、重庆、四川、贵州、云南、山西、内蒙古、吉林、辽宁、黑龙江、新疆、江苏、浙江、安徽	1

目前，三大国家公园在各省逐步推进，标志着长城、大运河、长征等一系列国家标志性文化资源的国家文化公园新转向，成为我国文化资源保护和开发的新的里程碑。这既是发展社会主义先进文化、广泛凝聚人民精神力量的新机遇，也面临着如何实现中华优秀传统文化创造性转化、创新性发展的挑战。

（一）长城国家文化公园

长城作为我国现存规模最大的文化遗产，历经我国春秋战国、秦、汉、唐、明等12个历史时期2000余年，跨越15个省（自治区、直辖市）404个县（市、区），总长度达21196.18千米，是中华民族的精神象征和国家形象的名片。万里长城是中国悠久历史和灿烂文明的标志，为中华民族伟大复兴中国梦凝神聚力。长城国家文化公园，包括战国、秦、汉长城，北魏、北齐、隋、唐等朝代具备长城特征的防御体系，以及金界壕、明长城，涉及北京、天津、河北、山西、内蒙古、吉林、辽宁、黑龙江、山东、河南、陕西、甘肃、青海、宁夏、新疆15个省（区、市）。

不同于作为国家文化单位的长城，长城国家文化公园立足于民族文化复兴的战略高度，从宏观上对长城文化资源进行整体统筹。长城国家文化公园通过跨区域、跨部门的深度整合，不仅让文化遗产更有尊严、更好地融入并促进经济社会发展，更让人们通过宏大而清晰的历史、地理坐标，从近在身边的文化传承的鲜活事例中，从优秀传统文化持久的影响力、革命文化强大的感召力中汲取力量，使“长城精神”成为实现中华民族伟大复兴的强大精神力量。

同时，长城国家文化公园打破了文保单位“重保护、轻利用”的发展方式，强调对文化的综合利用和高质量发展。长城国家文化公园在强化保护的基础上统筹保护、教育、游憩和富民的复合功能，将优秀的文化内涵融入相关产业之中，为人们提供文化消费新内容和新形式，满足人们对高质量精神产品的需求，真正实现让文物说话、让历史说话、让文化说话。

此外，长城国家文化公园创新文化管理方式，有利于治理体系和治理能力的科学化、高效化。长城国家文化公园的建设打破了传统文化层级化、碎片化的管理方式，采用上下结合、协调整合的管理方式，对于深化文化建设领域改革、推动治理体系和治理能力现代化具有重要意义。

长城国家文化公园将中华优秀传统文化的创造性转化和创新发展与人民美好生活的发展需要统一起来，兼具弘扬与传承中华传统文化、爱国教育、科研实践、国际交流、休闲体验等功能，以管控保护、主题展示、文旅融合、传统利用4类功能区为建设重点，实现资源保护与整合，文化的挖掘与利用以及社会经济发展的协调和良性互动。

（二）大运河国家文化公园

大运河哺育了吴越文化、江南文化等灿烂文化，同时具备生态、航运功能，为沿线地区的高质量发展发挥了重要作用。大运河国家文化公园，包括京杭大运河、隋唐大运河、浙东运河3部分，通惠河、北运河、南运河等10个河段，涉及北京、天津、河北、江苏、浙江、安徽、山东、河南8个省（市）。大运河国家文化公园建设旨在通过整合文物和文化资源，实施公园化管理运营，实现保护传承利用、文化教育、公共服务、旅游观光、休闲娱乐、科学研究功能，形成具有特定开放空间的公共文化载体。

自2019年国家出台《长城、大运河、长征国家文化公园建设方案》以来，“大运河国家文化公园”建设的保护传承、研究发掘以及文旅融合等工程，逐渐涵盖京杭大运河、隋唐大运河、浙东运河3部分，涉及北京、天津、河北、江苏、浙江、安徽、山东、河南8个运河沿线省市，纷纷开始出台和颁布各自的规划编制和实施方案。

大运河浙江段包括京杭大运河浙江段和浙东运河，哺育了吴越文化、江南文化等灿烂文化，同时具备生态、航运功能，为浙江的高质量发展发挥了重要作用。

（三）长征国家文化公园

长征国家文化公园，以中国工农红军一方面军（中央红军）长征线路为主，兼顾红二、红四方面军和红二十五军长征线路，涉及福建、江西、河南、湖北、湖南、广东、广西、重庆、四川、贵州、云南、陕西、甘肃、青海、宁夏15个省、自治区及直辖市，经历了准备、失利、转折、制胜、会师等不同阶段，从瑞金到延安，从红土地到黄土高坡，跨越我国地势的三级阶梯，沿线各区段人文和自然各具特色。

长征沿线留存下来许多包括建（构）筑物和建筑群落、战场遗址、标语、交通设施、烈士墓以及纪念设施等在内的文物，除此之外，还有许多无形的遗产。长征途中，红军跋山涉水，其革命精神和先进思想与途经的优秀的民风民俗、在地文化交融共生。扩红参军、十送红军等长征故事都化作无形遗产融入伟大的长征。长征既留存了大量革命旧址和其他革命文物，也铸就了永放光芒的长征精神和厚重渊博的长征文化。

三大国家文化公园所代表的是属于中国不同时代的历史文化，既作为文化传播的重要载体和渠道，也是中国新时期文化自信的展示平台。当下，中国的国家文化公园尚处于前期的探索阶段，整体建设、运营管理、未来发展等仍在摸索中前进。

三、国家文化公园管理理念

国家文化公园具有双重意义，既是保护自然生态，又是保护国家文化符号。相比之下，中国当前的国家公园，如三江源、东北虎豹保护基地、祁连山、大熊猫保护基地、神农架等，主要意义是保护自然生态和动植物多样性，并不具备多少文化上的意义，也不能解释中华民族国家共识和民族性格形成的原因。因此，我们需要在国家公园之外，另行建设一套国家文化公园。首批国家文化公园选择长城、大运河和长征，也有着深刻的原因。

国家文化公园建设是一项复杂的系统工程，也是中国的文化创新工程，需要充分解放思想，科学保护和传承利用文化资源和文化遗产，创新管理体制机制，发挥区域协同效应，塑造独特文化形象，逐步构建起国家文化公园建设和运营管理的全新体系。

在管理角色上，国家文化公园的管理需要在中央政府统筹管理的基础上，构建不同的管理架构，针对管理疏松的遗产，采用政府集中治理，设立权威部门，统一管理口径；对于管理较完善的遗产，应采用政府统筹的社会共治模式。长城国家文化公园的统一建设和标准化管理，包括加强保护修缮、文化挖掘、配套设施建设等方面工作，需要当地做出配合，但这无疑是一个重要的发展机遇。

在管理费用上，国家文化公园以政府拨款为主，社会投资为补充。在保护、教育等功能方面需要政府拨款之外，娱乐休憩功能可以由市场进行运作，实现公共文化建设与文化产业的相互补充，如降低历史区域门票价格，在娱乐区域采用市场定价。

在管理机制上，构建跨边界的协同治理机制。目前我国缺少区域化国家遗产的保护架构，应将国家文化遗产和周边环境作为一个文化共同体进行整体性保护。王金伟等（2019）认为，国家文化公园建设发展面临地缘文化差异、行政区划限制、区域发展不平衡的问题，要解决好这些问题，在保持地缘文化特色的前提下，需要做到三个“统一”：塑造统一品牌形象、构建统一管制机制、力求统一服务标准。

国家文化公园管理面临困难多、情况复杂，未来国家文化公园建设主要存在四方面的转变：从多头管理到统一管理的国家代表性文化遗产保护体系转变；从国家文物保护单位管理制度向国家文化公园管理体制转变；遗产管理理论从偏向注重真实性向真实性、完整性兼顾拓展；从单体遗产向线性遗产、区域遗产等进行理论拓展。

参考文献

[1]Marilena Vecco. A definition of cultural heritage：From the tangible to the intangible［J］. *Journal of Cultural Heritage*，2010，11（3）.

[2]李游．非国有不可移动文物：集体、私人所有与公共管理的悖论及其对策思考［D］. 武汉：武汉大学，2017.

[3]张成渝．国内外世界遗产原真性与完整性研究综述［J］. 东南文化，2010（4）：30–37.

[4]Milkis Sidney M. The Wilderness Warrior：Theodore Roosevelt and the Crusade for America［J］. *Journal of American History*，2011，98（2）.

[5]Keith Dewar. Tourism in national parks and protected areas：planning and management［J］. *Tourism Management*，2004，25（2）.

[6]Runte A. National Parks：The American Experience［M］. Geographical

Review，1979，85（4）：N/A.

［7］王维正．国家公园［M］．北京：中国林业出版社，2000：1-100.

［8］吴平．世界自然保护联盟规则体系及其实践对我国建立国家公园体制的启示［N］．中国经济时报，2015-11-30（005）．

［9］朱明，史春云．国家公园管理研究综述及展望［J］．北京第二外国语学院学报，2015，37（9）：24-33.

［10］官志雄．多地争抢建设国家公园 专家称很多旨在提速 GDP［N/OL］．（2014-07-19）．中国新闻网．http：//www.chinanews.com/gn/2014/07-19/6403364.shtml.

［11］博雅方略研究院．建设国家文化公园 彰显中华文化自信［N］．中国旅游报，2020-01-03（016）．

［12］吴若山．建设好国家文化公园［N］．人民日报，2019-12-16（005）．

［13］邹统钎，韩全．国家文化公园建设与管理初探［N］．中国旅游报，2019-12-03（003）．

［14］王金伟，余得光．国家文化公园建设要做到“三个统一”［N］．中国旅游报，2019-12-27（03）．

第二章　国家文化公园目标体系与遴选标准

第一节　国家文化公园的目标体系

一、国家文化公园建设的总体目标

以习近平新时代中国特色社会主义思想为指导，全面贯彻党的十九大精神，以长城、大运河、长征沿线一系列主题明确、内涵清晰、影响突出的文物和文化资源为主干，生动呈现中华文化的独特创造、价值理念和鲜明特色，促进科学保护、世代传承、合理利用，积极拓展思路、创新方法、完善机制。

根据相关文件的规定，第一批国家文化公园计划用4年左右时间完成建设任务，在2023年年底初步形成长城、大运河、长征沿线文物和文化资源保护传承利用协调的局面，权责明确、运营高效、监督规范的管理模式粗具雏形，形成一批可复制推广的成果经验，为全面推进国家文化公园建设创造良好条件。其中，长城河北段、大运河江苏段、长征贵州段作为重点建设区于2021年年底前完成。具体来看，国家文化公园建设的总体目标分为以下五点。

（一）促进优秀文化保护传承

实施文物保护项目，加大集中连片保护力度，严格执行文物保护督察制度，强化各级政府主体责任。建设相关文化传播场所，并利用节庆策划主体活动，加大宣传力度，使长城文化、大运河文化、长征精神融入群众生活。

（二）加强民族精神研究发掘

加强国家文化公园相关文化的精神研究，突出“万里长城”“千年运河”“两万五千里长征”整体辨识度，构建与国家文化公园建设相适应的理论体系和话语体系。结合新时代特点，深入挖掘优秀文化资源，弘扬民族精神。

（三）提升文化公园环境配套

加强国家文化公园内的生态文明建设，维护人文自然风貌。完善交通设施、公共休闲设施、应急设施、公益设施以及必要的商业设施，推进绿色能源使用，健全标准化服务体系，并推出国家文化公园形象标志。

（四）促进文化与旅游深度融合

加强对优质文化旅游资源的一体化开发，打造一批文旅示范区，推出国家文化公园高质量的文化旅游产品，扩大文化供给。推动组建文旅联盟，开展整体品牌塑造和营销推介。

（五）加强文化公园数字化改造

加强数字基础设施建设，利用新一代信息技术加快实现国家文化公园数字化建设，推动文物和文化资源数字化存储、数字化展示、数字化管理等目标落地，提供虚拟仿真、多元交互、智能服务的体验产品，赋予国家文化公园更可持续的生命力。

二、长城、大运河、长征国家文化公园建设的目标

（一）长城国家文化公园

1. 建设范围

长城国家文化公园，包括战国、秦、汉长城，北魏、北齐、隋、唐、五代、宋、西夏、辽具备长城特征的防御体系，金界壕，明长城。涉及北京、天津、河北、山西、内蒙古、辽宁、吉林、黑龙江、山东、河南、陕西、甘肃、青海、宁夏、新疆 15 个省（区、市）。

2. 建设任务与目标

（1）保护长城的原真性与完整性。各地应尽快落实长城保护段落的核定与管理责任，对各类文物本体及环境实施严格保护和管控。同时，建立预防性保护工作机制，健全常态化保护制度、流程、标准和规范，并拓展社会参与遗产保护的渠道，充分发挥长城的价值。

（2）强化制度设计和精细管理，建立长城国家文化公园联席会议制度。国家层面，应设立独立的、综合的、权威性的管理委员会，以及由各方专家组成的专家咨询委员会，加强调查研究和宏观指导。地方层面，应构建多主体参与的区域合作机制，强化文物保护规划等相关专项规划与城乡规划、土地利用规划等综合性规划的衔接。

（3）实现从“内容展示”到“价值传达”的转变。长城国家文化公园的爱国主义教育应从遗产内容展示层面上升到文化价值传达层面，通过新形式、新手段、新技术提高公众对于长城文化整体价值的认知。同时，建立面向公众的文物保护教育长效机制，加强对长城保护意识、保护理念、保护知识的宣传教育，宣传和动员广大民众参与遗产保护的全社会行动。

（4）培育改革试点，聚焦重点，精准渗灌，逐步推进。前期可主要对资源价值大、文化底蕴深、基础条件好、发展潜力大的段落进行改革的先行先试。后期应结合周边资源以点带面综合打造，通过发展旅游、研学、节事等逐步促进长城沿线古城、古镇、古村的复兴与繁荣，共同构建带状发展格局。

（5）注重发展的创新性、综合性，从“长城保护带”向“长城文化活化带”转型。未来，应高起点大手笔编制相关开发规划，制定长城国家文化公园产业发展指导目录，将文化资源挖掘与游憩模式创新相结合，以旅游业、文化创意产业等为突破口形成文化导向下的复合型产业开发构架，打造长城国家文化公园的鲜明形象和品牌。

（二）大运河国家文化公园

1. 建设范围

大运河国家文化公园，包括京杭大运河、隋唐大运河、浙东运河 3 部分，通惠河、北运河、南运河、会通河、中（运）河、淮扬运河、江南运河、浙东运河、永济渠（卫河）、通济渠（汴河）10个河段。涉及北京、天津、河北、江苏、浙江、安徽、山东、河南8个省市。

2. 建设任务与目标

（1）强化顶层设计，以文化为引领打造国家精神家园。大运河国家文化公园的顶层设计，要坚持保护优先，强化传承，文化引领，彰显特色，总体设计，统筹规划，积极稳妥，改革创新，因地制宜，分类指导的基本原则。同时兼顾沿线地区的经济、产业效应，以大运河文物和文化资源保护传承利用协调推进为引领，促进沿线区域经济社会发展，实现社会效益和经济效益的高度统一，使大运河国家文化公园成为宣传中国形象、展示中华文明、彰显文化自信的亮丽名片。

（2）打造优秀样板，推行“一园两制”。首先选择在大运河沿线中文化价值突出、文化遗存丰富、文化特色鲜明、文化影响重大的段落进行建设试点。同时，建立大运河国家文化公园的非营利机制和市场化机制并行的“一园两制”模式，打造优秀样板，形成一批可复制推广的成果经验，由点及面地有序推进大运河国家文化公园的建设。

（3）做好世代传承，弘扬运河精神。在做好运河文化保护的基础上，应使大运河文化与当代文化相适应，与现代社会相协调，让其所蕴含的中华民族的文化血脉和基因代代传承下去，焕发出永续的生机与活力。

（三）长征国家文化公园

1. 建设范围

长征国家文化公园，以中国工农红军一方面军（中央红军）长征线路为主，兼顾红二、红四方面军和红二十五军长征线路。涉及福建、江西、河南、湖北、湖南、广东、广西、重庆、四川、贵州、云南、陕西、甘肃、青海、宁夏15个省（区、市）。

2. 建设任务与目标

（1）发扬长征精神，繁荣长征文化。一要坚定意识形态立场，发扬社会主义核心价值观。二要建立长征文化学校，加强长征国家文化公园的教育功能建设。三要促进长征文艺作品繁荣，推动长征文化遗产传承转化。四要加强传播渠道建设与内容管理，面向世界建立世界和平联盟。

（2）加大公共投入，提高社会效益。一要全面完善长征文化事业发展和文化公共服务体系建设。二要重点提高保障和改善民生水平，以长征文化产业助力沿线地区脱贫攻坚。三要着力培育沿线地区文化教育事业发展，增强文化交流力。

（3）坚持政府主导、厉行法治、深化体制机制改革。一要坚持党的领导、政府主导。二要厉行法治，推动长征文化公园立法工作。三要深化长征文化公园的体制机制改革。

（4）信息化、融合化、合作化促进沿线经济繁荣。一要着力推进长征文化信息化建设。二要以文化引领，推动公园沿线产业融合。三要加强长征国家文化公园沿线区域合作，以“口袋原则”共同申报世界文化遗产。

（5）注重保护文化与自然双生态系统。一要构筑长征文化生态系统。二要推进公园建设绿色发展。

第二节　国家文化公园的遴选标准

国家文化公园的遴选标准是一个区域是否能建成国家文化公园的重要依据，我国国家文化公园作为国家公园体系的重要组成部分，承载着珍贵的文物与文化资源，但我国对国家文化公园的探索目前还处于初级阶段，尚未形成明确具体的遴选标准。本书将结合国内外成功经验，重点根据美国国家公园执行的全国性意义、适合性和可行性、不可替代性三项标准（陈鑫峰，2002）；我国国家公园遴选中的国家代表性、生态重要性和管理可行性标准；世界文化遗产强调突出的普遍价值（Outstanding Universal Value，OUV）标准，为国家文化公园的遴选提供有益的见解。

一、美国国家公园遴选标准

美国作为全球最早设立国家公园的国家，于1916年设立了国家公园管理局（NPS），系统地提出了国家公园中采用的资源评价标准及审批的基本程序，由此开启了国家公园规范化、科学化管理的新时期。

美国国家公园体系成员的资源标准规定，一个新的国家公园区域必须满足以下条件：①拥有具有全国性意义的自然、文化或游憩资源；②将其纳入国家公园系统是适合的、可行的；③该区域需要由国家公园管理局进行管理或监督，而不是其他政府部门或私人机构可以替代的（陈鑫峰，2002）。

（一）全国性意义

美国提出一个候选地必须具备下列4条标准，才可被认为具有全国性意义：其一，是一个特定类型资源的杰出代表；其二，对于阐明美国国家遗产的自然或文化主题具有独一无二的价值；其三，可以为公众提供享用这一资源或进行科学研究的最好机会；其四，资源具有相当高的完整性。例如，美国黄石国家公园拥有全世界最著名的地热景观和完善的生态系统；美国大峡谷国家公园以巨型峡谷景观闻名于世，野生动植物种类极为丰富；奥林匹克国家公园则是一座拥有丰富地形和景观的“地理教室”。

（二）适合性和可行性

适合性通常从两个方面考虑：其一，它所代表的自然或文化资源是否已经在国家公园体系中得到充分反映；其二，它所代表的资源类型有没有在其他联邦机构、印第安部落、州、地方政府和私人机构的保护体系中得到充分反映（吴丽云等，2020）。新区域的代表性程度通过一一对比的方法加以确定，即将新区域与现有国家公园系统中的一些单元进行逐一比较，分析其在特性、品质、数量、资源组合及提供公众欣赏机会等方面的差异性和相似性。

可行性则表现为，申报区域的自然系统和（或）历史遗存必须具备足够大的规模和适当的结构，以保证对资源实施长期的保护并为公众利用提供充分的服务，且必须具备以较合理的成本实现高效率管理目标的潜力。重要的可行性因子还包括土地所有权、获得土地所有权所需费用、可及性、对资源的威胁、工作人员和开发需求等。

（三）不可替代性

美国国家公园遴选标准中的不可替代性主要表现为管理上的不可替代性。由于美国国家公园管理局自身人力和财力的限制和众多民间保护机构的出现，所以在筛选中，除非经过评估后清楚地表明候选地由美国国家公园管理局管理是最优的选择，别的保护机构无法替代国家公园管理局进行管理时，才将其列入国家公园的范畴，否则国家公园管理局会建议该候选地由一个或多个上述保护机构进行管理（吴丽云等，2020）。

二、中国国家公园遴选标准

我国对国家公园的探索起步较晚，许多学者在充分吸收国际先进经验的基础上探讨我国国家公园的遴选标准。2017 年，我国颁布的《建立国家公园体制总体方案》中明确提出，应根据自然生态系统代表性、面积适宜性和管理可行性，明确国家公园准入条件。此后，唐小平等人（2020）对我国国家公园的认定指标体系做了进一步整理与扩充，提出了国家代表性、生态重要性和管理可行性 3 个设立条件及其对应的认定指标与内涵（见表 2–1）。

表 2–1　我国国家公园认定指标体系

设立条件	认定指标	基本内涵
国家代表性	生态系统代表性	生态系统类型或生态过程是我国的典型代表，可以支撑地带性生物区系
	生物物种代表性	分布有典型野生动植物种群，保护价值在全国或全球具有典型意义
	自然景观独特性	具有我国乃至世界罕见的自然美景
生态重要性	生态系统完整性	生态区位极为重要，属于国家生态安全关键区域，自然生态系统的组成要素和生态过程完整，能够使生态功能得以正常发挥，生物群落、基因资源及未受影响的自然过程在自然状态下长久维持
	生态系统原真性	生态系统与生态过程大部分保持自然特征和自然演替状态，自然力在生态系统和生态过程中居于支配地位
	面积规模适宜性	具有足够大的面积以确保保护目标的完整性和长久维持，能够维持生境需求范围大的物种生存繁衍和实现自我循环

续表

设立条件	认定指标	基本内涵
管理可行性	自然资源资产产权	自然资源资产产权清晰，以全民所有为主，有利于实现统一保护
	空间用途管制	以生态保护为方向的用途管制切实可行，有利于落实生态保护红线管控要求
	保护管理基础	具备良好的保护管理能力或具备整合提升管理能力的潜力，具有国家直接管理或委托管理的条件
	国民素质教育潜力	独特的自然资源和人文资源能够为国民素质教育提供机会，便于公益性使用

三、突出的普遍价值（OUV）标准

世界遗产概念的核心是具有“突出的普遍价值（OUV）”，这也是备受瞩目的世界遗产评选活动的标准和依据（史晨暄，2012）。自 1964 年《关于古迹遗址保护与修复的国际宪章（威尼斯宪章）》诞生以来，原真性和完整性一直是文化遗产保护领域的基本原则（卜琳，2012）。

继《威尼斯宪章》之后，在联合国教科文组织发布的《实施世界遗产公约操作指南》（1977）中，第一次正式提出将“真实性”及“完整性”作为历史遗产的突出的普遍价值的评估标准（杨晨，2014）。之后的《奈良宣言》（1994）是针对“真实性”的一次更为深入的讨论与阐释，其中“多样性”这一词反复出现在《奈良宣言》的文件中。《奈良宣言》中用专门的章节对于文化多样性及遗产多样性进行了描述。首先强调了文化及遗产多样性保护和尊重的重要意义，并在此基础上提出了对于具有多样性的各种物质及非物质的表现形式与方式的保护要求，此外还指出了多样性与遗产的特殊性是相连的，文化和遗产的多样性导致了遗产保护的特殊性。

在不同的文化中，甚至同一文化的内部，历史遗产都具有其各自特殊的性质，因此，在进行真实性的判断时必须联系多样性进行全方位的考虑（杨晨，2014）。具体的 OUV 评估标准见表 2–2。

表 2–2 OUV 评估标准

评估标准	相关文件	要求	备注
真实性	《实施世界遗产公约操作指南》（1977）	依据文化遗产类别及其文化背景，如果遗产的文化价值（申报标准所认可的）的下列特征真实可信，则被认为具有真实性： · 外形和设计 · 材料和材质 · 用途和功能 · 传统，技术和管理体系 · 位置和环境 · 语言和其他形式的非物质遗产 · 精神和感觉 · 其他内外因素	在真实性问题上，考古遗址或历史建筑及街区的重建只有在极个别情况才予以考虑。只有依据完整且详细的记载，不存在任何想象而进行的重建，才可以接受
完整性	《实施世界遗产公约操作指南》（1977）	完整性用来衡量自然和/或文化遗产及其特征的整体性和无缺憾性。审查遗产完整性需要评估遗产符合以下特征的程度： · 包括所有表现其突出的普遍价值的必要因素 · 面积足够大，确保能完整地代表体现遗产价值的特色和过程 · 受到发展的负面影响和/或缺乏维护	对于文化遗产，其物理构造和/或重要特征都必须保存完好。能表现遗产全部价值的绝大部分必要因素也要包括在内。文化景观、历史村镇或其他活遗产中体现其显著特征的种种关系和动态功能也应予保存
多样性	《奈良宣言》（1994）	世界文化与遗产多样性对所有人类而言都是一项无可替代的、丰富的精神与知识源泉。保护和强化多样性需要： · 对其他文化及其信仰系统的各个方面予以尊重 · 认可所有各方的文化价值的合理性 · 所有文化社区尽量在不损伤其基本文化价值的情况下，在自身的要求与其他文化社区的要求之间达成平衡	尊重文化与遗产多样性是判断真实性的重要前提，必须在相关文化背景之下来对遗产项目的真实性加以考虑和评判

四、国家文化公园遴选标准

根据国内外的理论与实践经验，结合我国国情与文化资源的特点，我国国家文化公园的遴选应遵循国家代表性，全民公益性，真实性、完整性和多样性，可行性标准（见表 2–3）。

表 2-3　国家文化公园遴选标准及内涵

遴选标准	内涵
国家代表性	所选区域的文化具有中国特征，能够代表国家形象，彰显国家精神； 所选区域拥有在中国历史上具有突出意义、重要影响、重大主题的文物和文化资源； 所选区域拥有能明显区别于其他国家或地区的文物和文化资源
全民公益性	所选区域在与文化遗产保护不相冲突的前提下，能够为传承利用、文化教育、公共服务、旅游观光、休闲娱乐、科学研究提供条件
真实性、完整性和多样性	所选区域文化资源和遗产的文化价值的外形和设计、材料和材质、用途和功能、传统技术和管理体系、位置和环境、语言和其他形式的非物质遗产、精神和感觉以及其他内外因素是真实可信的（真实性）； 所选区域文化资源的物理构造和/或重要特征保存完好，侵劣化过程的影响得到控制，能完整地代表体现遗产价值的特色和过程，且该区域应包含一种或多种生态完整的生态系统地域以保证生态系统完整性（完整性）； 所选区域的文化表现形式和内容在特定的时间和空间内具有多样性（多样性）
可行性（面积适宜性、管理可行性）	所选区域应该具备相当规模（面积应不小于10平方千米）和合适边界，使其资源具有较高完整度且能够得到持续性保护（面积适宜性）； 相关管理部门能够通过合理的经济代价对所选区域进行监督管理和有效保护（管理可行性）

（一）国家代表性

国家代表性在国家公园遴选中极其重要，在国家公园体制建设中，国家代表性的含义是资源具有国家代表性和管理具有国家代表性（张朝枝，2017），不仅强调国家公园应选择具有全国乃至全球意义的自然景观和自然文化遗产的区域（唐小平等，2020），还要体现国家公园的设立和发展必须符合国家的整体利益和长远利益，应由国家来设定，并协调各相关利益方的利益诉求（陈耀华等，2015）。具体到历史文化资源类的国家公园，Mackintosh（1985）提出历史公园应与国家重要的人物、事件或主题联系起来，应包括具有重大内在或代表性价值的特征，或者应当包含具有重大科学意义的考古学资源。Gülez（1992）在总结各国经验的基础上，尝试从国际视野提出了国家公园文化资源和具有国家或跨国意义的资源的评价指标（见表 2-4）。

表 2–4　国家公园文化资源和具有国家或跨国意义的资源评价指标

指标	子指标	资源特征
文化资源	历史/考古	具有历史或考古意义的区域/重大历史事件发生地
	其他文化资源	建筑与艺术：具有代表性的区域、建筑和艺术；具有国家代表性的文化遗产
		具有人类学、民族学和社会学意义的区域
		传统土地利用区/传统农业生产区；具有突出的文化景观特征
具有国家或跨国意义的资源		拥有具备独特/某一国际意义资源的区域 拥有具有独特/某一国家意义资源的区域

在美国、加拿大、澳大利亚、新西兰等国的国家公园设立条件中都涉及了国家代表性这一理念，中国国家公园的国家代表性则表现为以国家利益为主导，坚持国家所有，代表国家形象，具有国家特征，体现国家意志，所选取的区域必须拥有全国代表性且能明显区别于其他国家或地区的自然、文化资源（李明虎等，2019）。我国发布的《长城、大运河、长征国家文化公园建设方案》(2019）中提出了要整合具有突出意义、重要影响、重大主题的文物和文化资源。也就是说，国家文化公园应拥有对中国和中华民族具有突出意义、对中国历史文化和精神文明产生重要影响且有重大文化主题的文物和文化资源。因此，我国国家文化公园的国家代表性标准应具体表现为：

所选区域的文化具有中国特征，能够代表国家形象，彰显国家精神；

所选区域拥有在中国历史上具有突出意义、重要影响、重大主题的文物和文化资源；

所选区域拥有能明显区别于其他国家或地区的文物和文化资源。

（二）全民公益性

公益性即公共利益，被视为一个社会存在所必需的一元的、抽象的价值，是全体社会成员的共同目标（麻宝斌，2002）。联合国保护地名录（《United Nations List of Protected Areas》）对国家公园的功能定位始终将公益服务排在首位。公益性是国家公园最基本的属性，其内涵包括为公众利益而设、对公众低廉收费、使公众受到教育、让公众积极参与等观念（陈耀华等，2014）。而国家公园的人民属性则体现在各条定义里所表达的"人类福祉与享受""人民的利益""服务于人民""世代人民"等概念之中（罗金华，2013）。Mackintosh（1985）很早就阐明了国家公园应具有为大众提供公益性的娱乐游憩机会的功能。Dudley（2008）提出国家公园应提供环境与文化兼容的精神享受、科学研究、自然教育、游憩和参观的机会。国内学者苏杨（2015）也提出，"国家公园"的"公"，不仅是公有制的"公"，也是体现"全民公益性"的"公"。国家公园应为全体中国人民提供作为国家福利而非旅游产业的高品质教育、审美和休闲机会（杨锐，2017），提供包括当代和子孙后代的全民福祉（朱春全，2017）。

世界上许多国家建立国家公园的目的是在实现保护生态系统的同时开展教育、科研、游憩等活动，并将国家公园看作是公益性场所。如新西兰、韩国等地区对公众免费开放；美国、英国等国家也仅收取很低的门票，且将所有收入用于公园日常管理、资源保护等方面（李明虎等，2019）。

国家文化公园承载了珍贵的文化资源和文化遗产，是我们从祖先处继承，还要完整地传递给子孙后代的宝贵的物质和精神财富。因此必须保证这些无价财富的全民利益最大化、国家利益最大化、民族利益最大化和人类利益最大化（杨锐，2017）。四个利益最大化要求中国国家文化公园始终将文化遗产保护放在首位，对各类文物本体及环境实施严格保护和管控，并在此前提下，实现传承利用、文化教育、公共服务、旅游观光、休闲娱乐、科学研究等功能，从而使最广泛的国民全方位受益于国家文化公园。

（三）真实性、完整性和多样性

真实性和完整性作为世界遗产的突出的普遍价值的评估标准，也体现在国家公园的建设中。许多国家建立国家公园在生态系统的评价标准中涉及了有关真实性和完整性的内容。例如，加拿大要求区域生态系统具有完整性；德国要求国家公园拥有较高自然原真性的大面积生态系统，且这些生态系统由自然物种和生物多样性构成；南非则要求保护区域内包含一种或多种生态完整的生态系统地域（杜傲等，2020）。我国印发的《建立国家公园体制总体方案》中也明确强调："建立国家公园的目的是保持重要生态系统的完整性、原真性。"苏杨（2015）指出，保持自然遗产资源的真实性、完整性，实现其对公众的可持续利用价值是建立国家公园的主要目的。

真实性和完整性原则不仅体现在自然资源和遗产中，根据世界遗产突出的普遍价值标准，二者也同样作为文化遗产筛选的重要指标。美国国家历史公园对文化遗产的真实性保护给予高度重视，以为公众提供接近当地历史的最真实场景（王京传，2018）。此外，由于文化遗产真实性的保持还在于，"不同的文化和社会都包含着特定的形式和手段，它们以有形或无形的方式构成了某项遗产"，这就要求我们在文化和遗产多样性的背景下来判断真实性。第33届联合国教科文组织大会上通过的《保护和促进文化表现形式多样性公约》（2005）将"文化多样性"定义为各群体和社会借以表现其文化的多种不同形式，并提出文化多样性不仅体现在人类文化遗产通过丰富多彩的文化表现形式来表达、弘扬和传承的多种方式，也体现在借助各种方式和技术进行的艺术创造、生产、传播、销售和消费的多种方式。在关于线性文化遗产的真实性和完整性的叙述中，《文化线路宪章》（2014）提出，保护和发展文化线路要做到不危害文化线路历史价值的内涵、真实性和完整性。保护地域文化是文化线路得以持续发展的根基。

因此，在国家文化公园的遴选中，为了保证其承载的文化遗产具有突出的普遍价值，保护文化多样性，达到保持文化和自然资源真实性、完整性的目的，并实现资源的可持续利用，应当遵循真实性、完整性和多样性的标准。具体表现为：

所选区域文化资源和遗产的文化价值的外形和设计、材料和材质、用途和功能、传统技术和管理体系、位置和环境、语言和其他形式的非物质遗产、精神和感觉以及其他内外因素是真实可信的；

所选区域文化资源的物理构造和/或重要特征保存完好，侵劣化过程的影响得到控制，能完整地代表体现遗产价值的特色和过程，且该区域应包含一种或多种生态完整的生态系统地域以保证生态系统完整性；

所选区域的文化表现形式和内容在特定的时间和空间内具有多样性。

（四）可行性

可行性是国家公园遴选的重要标准，美国率先在规模和管理两个维度提出了可行性的理念。为确保资源的长期保护并满足公众享用，国家公园需要有充足的面积，世界自然保护联盟（IUCN）在 1974 年出版的《世界各国国家公园及同类保护地名录》中提出Ⅱ类国家公园面积应不小于 10 平方千米，说明了国家公园应具备的面积条件。部分国家根据其国土面积情况，制定了国家公园面积标准。例如，德国国家公园至少 100 平方千米；瑞典国家公园至少 10 平方千米；日本国家公园陆地区域面积要超过 300 平方千米，海洋公园原则上面积要 30 平方千米等。我国发布的《建立国家公园体制总体方案》中也提出，应根据面积适宜性和管理可行性明确国家公园准入条件，以确保国家公园面积能够维持生态系统结构、过程、功能的完整性，确保全民所有的自然资源资产占主体地位，且在管理上具有可行性。

由于我国国家文化公园包含一部分线性遗产，且线性遗产通常具有跨区域（甚至跨国）、大尺度、边界模糊等特点，涉及经济、建设、考古、园林和水利、国土、环境等多部门，导致其在保护与管理中出现了多头管理的混乱局面。因此，在我国国家文化公园的遴选中更应重视对边界的选择和管理，要在面积适宜性和管理可行性两个方面严格遵循可行性标准。具体表现为：

所选区域应该具备相当规模（面积应不小于 10 平方千米）和合适边界，使其资源具有较高完整度且能够得到持续性保护；

相关管理部门能够通过合理的经济代价对所选区域进行监督管理和有效保护。

第三节　国家文化公园的创建办法

一、创建主体

（一）中央政府

发改委、中宣部、文旅部等中央部门应是创建国家文化公园的中央政府主体，履行顶层设计，统一规划开发，制定法律、政策、标准等职能，从国家层面把控国家文化公园建设的总体发展，确保项目建设目标实现。

首先，中央政府是制定顶层设计方案的主体。由中央统筹、省市配合，立足整体和区域，设计打造中华文明标志；共同研究出台相关建设方案，明确建设任务、要求和责任部门，以确保地区国家文化公园建设与国家层面建设目标一致，达到整体推进的效果。其次，中央政府是主导国家文化公园开发的主体。评估并明确国家和地方文化资源开发重点，监督指导各地方项目建设的质量。最后，中央政府是推动国家文化公园立法的核心主体。由相关部门牵头，制定相关法律，明确项目的全责问题，保障国家文化公园的事业得以顺利开展。

（二）专门管理机构

国家文化公园建设涉及面广，是一项跨省域、跨部门的系统工程，管理难度较大。借鉴文化遗产保护的国际经验与我国国家公园的建设经验，国家文化公园应成立相对独立的国家文化公园管理局，由中央机构指导工作。国家文化公园管理局可按照“中央总局—地方分局—基层分局”的体系设立机构，履行国家文化公园范围内的文化保护、遗址遗迹保护、生态保护、自然资源资产管理、特许经营管理、社会参与管理、宣传推介等职责，负责协调与当地政府及周边社区的关系。

（三）企业与社会资本

国家文化公园是一项国家级的公共文化事业，具有明显的公益属性，应该建立完善的管理机制，让有资质的企业与社会资本参与管理，履行一部分经营职能与监督职能。在国家政策引导和财政资金投入的基础上，通过特许商业经营的方式与企业合作，引入科技、创意元素，并适当发展国家文化公园旅游休闲产业，推动公共文化建设与文化产业相互补充。鼓励有资质的、声誉良好的社会资本，以及公众和志愿者参与国家文化公园的管理，引导多元主体成立非政府性质的管理协会，与相关政府机构建立合作伙伴机制，协助国家文化公园的规划与管理决策。

二、创建办法及路径

（一）功能分区办法

联合国教科文组织“人与生物圈计划”倡导国家公园的核心区、缓冲区和实验区的功能分区（Flentje 等，2007）。文化遗产可根据不同层级的遗产特征建立层级式保护区划（张博程等，2017）。国家文化公园根据文物和文化资源的整体布局、禀赋差异及周边人居环境、自然条件、配套设施等情况，结合国土空间规划，重点建设 4 类主体功能区。

1. 管控保护区

由文物保护单位保护范围、世界文化遗产区及新发现发掘文物遗存临时保护区组成，对文物本体及环境实施严格保护和管控，对濒危文物实施封闭管理，建设保护第二、传承优先的样板区。

2. 主题展示区

包括核心展示园、集中展示带、特色展示点 3 种形态。核心展示园由开放参观游览、地理位置和交通条件相对便利的国家级文物和文化资源及周边区域组成，是参观游览和文化体验的主体区。集中展示带以核心展示园为基点，以相应的省、市、县级文物资源为分支，汇集形成文化载体密集地带，整体保护利用和系统开发提升。特色展示点布局分散但具有特殊文化意义和体验价值，可满足分众化参观游览体验。

3. 文旅融合区

由主题展示区及其周边就近就便和可看可览的历史文化、自然生态、现代文旅优质资源组成，重点利用文物和文化资源外溢辐射效应，建设文化旅游深度融合发展示范区。

4. 传统利用区

城乡居民和企事业单位、社团组织的传统生活生产区域，合理保存传统文化生态，适度发展文化旅游、特色生态产业，适当控制生产经营活动，逐步疏导不符合建设规划要求的设施、项目等。

（二）立法路径

国家文化公园是为了满足社会文化需要、传播优秀文化、发扬民族精神的公共文化事业，国家文化公园的健康发展是增强文化自信的重要保障。因此，建设国家文化公园亟须一套完备的法律体系保障。

1. 综合法和专门法相统一

我国国家文化公园立法尚处空白，仅有以文物为主的相关法规。目前国家公园立法采取自下而上模式，立法层级不高、法律数量庞杂，缺乏中央立法（唐莉，2018）。国家公园的管理体制、资金运作、资源产权等尚未立法。法国通过完善的国家文化遗产立法体系来保障文化事业发展，一百多部相关法律法规涉及整体保护理念、设计分类与登记、保护程序与措施以及保护与利用协调等（周耀林，2006；李建波，2017）。加拿大采用中央立法和地方立法相衔接的方式管理国家公园，先后出台《加拿大国家公园法》《国家公园通用法规》《国家公园消防法规》《国家公园野生动物法规》等（苏杨等，2017）。但如果没有中央立法的强制约束，地方性法规做国务院职能部门才能做的事情，实为越权立法（张振威，2016）。地方立法管理国家公园将导致地方政府在日常决策过程中当地利益优先，偏离国家管理目标。借鉴《建立国家公园体制总体方案》，建设国家文化公园法律体系需要以国家文化公园为主体，对原有的文化保护资源体系进行调整，在此基础上对各文物、文化相关法律进行修改、合并、删除，提高立法层级（董正爱，2020）。

2. 地方政策与法律并举

文化事业覆盖范围大，业务需要灵活的机制应对。因此，建设国家文化公园不仅需要完备的中央法律体系，还需要地方政策法规相配合。法律对国家文化公园建设将起规范性作用，而地方政策将能因地制宜地调整建设中的具体工作，以应对不断变化的环境。美国是联邦制国家，国家公园建设基于《国家历史保护法》等法律，对文化事业实行“一区一法”制度（李林志，2010）。德国各州享有立法权，联邦层面立法指导，各州地方立法实施。既保证立法受中央的领导，又因地制宜地制定地方政策法规，是统一性与多样性结合的典范（庄优波，2014）。日本和韩国也采用国家与地方立法相结合的模式，国家负责文化遗产建设项目中最重要的部分，地方根据发展需要出台相应政策法规（袁芳，2008；张毅等，2012）。在国家文化公园的建设初期，对项目中的关键性、根本性问题，必须通过法律方式予以明确（董正爱，2020），但该项目是我国首创，缺乏一定的成熟经验参考，很多具体工作的标准尚不易统一，需要建立地方政策与法律并举的机制，积极发挥政策的灵活性，推进国家文化公园项目尽快建成。

（三）管理路径

我国国家文化公园覆盖面广、涉及主体众多、文化遗产体系庞杂，亟须构建国家统一管理、地方协同、便捷高效的管理模式。根据文化遗产管理和国家公园管理的国际经验，我国国家文化公园管理可参考以下几条路径。

1. 中央垂直管理

国际经验证明，垂直管理是保障国家公园管理整体性和系统性的最佳模式。美国国家公园在实践中形成了中央垂直管理、统一规划、自上而下的模式，管理机构形成了“内务部—国家公园管理局（中央）—地区分局（区域）—公园管理局（基层）”的体系。内务部是中央层面统一管理自然资源和文化资源的主管部门，国家公园管理局则是对国家公园进行统一管理的联邦机构，地区分局和公园管理局分别对地区和具体公园的管理，权责层层细化。这种垂直管理的模式由中央层面统一调度，可以实现事权和财权的统一，有效保障政策执行效率，避免地方干预（秦天宝，2020）。

结合国家文化公园相关文件的要求，并参考我国国家公园体制的建设经验，我国可按照中央垂直管理模式来设计“中央—国家文化公园管理局—地方分局—基层分局”的国家文化公园的管理体制。中央机构负责统一规划、管理，并承担主要的财政预算，区域管理机构及地方管理机构负责具体的政策执行与职能发挥。

2. 中央—地方协同

由于我国国家文化公园管理涉及主体类型复杂，各地区发展水平差异明显，中央垂直管理的模式有可能不能完全适应地方的管理实践，所以需要设计良好的央地协同管理模式，以深入解决地方发展的具体问题。英国和日本既有对文化和自然遗产管理的中央机构，也有与中央相对独立的地方规划部门作为管理机构，分担中央的行政事务，实现灵活管理。中央机构负责制定统一的法律和规划，而地方机构则承担所在地区的规划任务和项目建设，基层机构负责属地的经营审批、管理、监督等事权的执行。

我国国家文化公园可建立“中央—地方协同”的管理体制，既保障政治执行的效率，确保项目建设的一致性，又保留地方治理的个性。以相应法律明确地方责任与义务，将关系到社区发展等领域的事权下放到地方，促进国家文化公园公共事业的建设；各层管理机构各司其职，共同承担国家文化公园的管理任务。

3. 社区管理

文化是人的产物，建设和发展大型文化项目将要处理大量社区管理的问题（Siddhartha，2006；Mohd，2012）。我国长城、长征、大运河等国家文化公园所在区域分布有大量的居民区，因此，设计一个完善社区管理机制对国家文化公园的功能发挥与可持续运营极为重要。文化遗产具有明显的公共属性，美国黄石公园在发展初期曾将当地印第安社区强行迁移，引发社区矛盾，随后根据原住民意见修订了管理政策（徐菲菲，2015），并为规划编制者制定了明确具体的公众参与机制和操控技术标准（张振威，2015）。菲律宾从法律层面保障社区居民在国家公园管理中的地位（陈耀华，2015）。加拿大成立专门的国家公园咨询委员会（Park Advisory Committee，PAC）解决社区发展问题，促进利益相关者互动和多方共识的达成（黄向，2008）。法国将整个遗产社区作为保护空间，分为“核心区”和“加盟区”，在国家主导下，政府和社区居民共同协商制定半契约式的管理制度（肖晓丹，2019）。

政府和社区共同管理遗产区域的模式在我国自然保护地的发展中已有较多实践，具有一定的借鉴作用。国家文化公园作为以文化资源为核心的公益性文化项目，社区对文化发展的贡献不能被忽视，在设计管理模式时更应该注重社区的利益与作用，用法律等制度手段保障社区居民在管理中的地位，在决策制定、实施和评估等过程中充分考虑社区居民的意见，促进国家文化公园可持续发展。

（四）资金路径

国家文化公园的民族精神发掘、环境配套、文旅融合、数字化改造等建设任务都需要良好的资金体系支持，但财政资金如何投入、以何种方式投入能产生最大的效益、中央和地方投入资金的比例如何、非财政资金如何发挥最大效用，都是需要解答的问题（郭琴琴，2018）。

1. 财政资金

国家文化公园属于我国“公共文化”项目，具有明显的公益属性。在建设初期，政府应该负担主要建设费用。美国国家公园资金主要来源于政府拨款、经营收入和社会捐赠，2017 年以来政府财政投入均占资金总额的 80% 以上（美国国家公园管理局，2020）。加拿大、英国等发达国家的经验表明，充足的资金保障是对文化遗产保护必不可少的条件。

中央财政资金的投入方式应根据国家文化公园发展阶段的不同而采取不同的方式。在建设初期，中央应加大对三大国家文化公园的文化遗产统计、抢救性保护、环境配套提升等工作投入专项资金；在国家文化公园建成运营之后，相关资源资产的所有权应该转移到中央机构，根据事权财权相统一的原则，国家文化公园管理机构的运行费用应由中央财政负担，纳入中央财政预算，并设立相应的专项资金以保障国家文化公园发展。三大国家文化公园覆盖省份经济发展差异巨大，中央应该根据不同地区经济发展水平灵活制定地方与中央的财政分担比例。

2. 特许经营

在各国的国家公园实践中已被证明，特许经营制度能够有效兼顾管理公平和效率，较好地平衡保护资源与商业发展的需求（吴健，2018）。加拿大《国家公园法》对国家公园特许经营事项做了详尽规定，加拿大国家公园可通过社会性收费以弥补经费不足。加拿大国家公园非政府拨款收入约占其预算的17%，基本来自向旅游者、消费者、受益者收费。美国国家公园的特许经营由国家公园管理局、特许经营管理咨询委员会、内务部审计署管理，特许经营费的 20% 上缴联邦财政，其余的 80% 留园使用。新西兰《自然保护法》等法律也明确规定允许个人或商业机构在公共自然保护地当中从事旅游、农业、园艺、通信乃至商业摄影等商业性行为，这些收费项目的收入占其自然保护地总预算的 15%。

特许经营制度将为我国国家文化公园事业开辟市场主体和市场资金参与的渠道。参考我国国家公园建设方案，国家文化公园特许经营权使用费可上缴省级财政，纳入省级政府性基金预算，专项用于国家文化公园文化保护和支持相应范围内社区发展等方面，不得用于生产性投入。

3. PPP（Public–Private Partnership）模式

国家文化公园的基础设施建设、环境提升工程、文旅融合项目等方面的建设，可以引入 PPP 模式，借助社会资本弥补财政预算的不足。PPP 模式在我国已经有较多的成功经验，国家文化公园可通过有限的财政资金向社会招标，与规模较大、抗风险能力较强的企业合作，开拓融资渠道，完成项目的建设。国家文化公园在选择合作企业时应公开招标选择最有竞争力的企业，通过合约明确双方的权责关系，利益共享、风险共担。利用好 PPP 模式的灵活性为国家文化公园开辟多元化融资渠道，保障稳定的资金来源。同时，要加强政府和社会监督和管理，确保资金使用透明、公开。

4. 国家文化公园基金

参照世界各国对文化遗产保护的经验，成立相关基金会对建设国家文化公园也将可能发挥重要作用。美国国家公园基金会（National Park Foundation）成立于1967年，用于整合社会零散资源，并借助私人力量维持公园运营，协助国家公园管理局的工作（郭琴琴，2018）。我国可借鉴相关经验，根据《慈善法》和《基金会管理条例》等相关法律法规成立国家文化公园基金会，充分发挥国家文化公园的公益属性，与个人、企业、科研机构、非政府组织开展多种形式的合作，为国家文化公园的建设和运营提供资金、技术和人力的支持。充分利用市场资源，与企业、科研机构、非政府组织、个人合作，多渠道筹集资金，搭建平台，推动我国国家公园体系的建设。

5. 文化生态补偿

借鉴自然资源保护的国际经验和我国国家公园的生态补偿机制，国家文化公园可探索开展文化生态补偿机制。按照“有偿使用”的原则，对于国家文化公园内重要的文化资源，资源使用的受益者有责任和义务向提供优良文化生态环境质量的地区行政管理机构和普通群众进行适当的补偿。长城、长征、大运河等文化资源是我国重要的文化瑰宝，对弘扬民族精神、增强文化自信都有重要意义。对于重要又濒危的物质文化资源的使用，应该建立起完备的文化生态补偿机制。应该在国家层面构建起文化生态补偿的机制，从法律层面明确文化生态补偿责任和各个文化生态主体的义务；同时在国家文化公园建设运营过程中，探索科学的文化补偿量化评价方法，根据文化生态补偿的实际需要拨付相应资金，用于补偿当地文化发展和居民需要。

6. 国家文化公园彩票

长城、长征、大运河等文化遗产是全人类的文化财富，相关国家文化公园是为全人类造福的工程，组织全社会共同参与其建设和发展是十分必要的。意大利和英国通过发放文化遗产彩票，将一定比例的彩票收入用于文化遗产保护，扩宽资金路径。这种“取之于民，用之于民”的遗产保护办法不仅得到当地群众的广泛欢迎，还唤起民众对文化遗产的保护意识。当前，我国福利彩票事业发展较为成熟，彩民基数庞大，可通过在全国范围内设立发行国家文化公园彩票，筹集建设资金，用于文化保护、基础设施建设、数字化改造等工程。

参考文献

[1]中华人民共和国中央人民政府网．中共中央办公厅、国务院办公厅印发《长城、大运河、长征国家文化公园建设方案》[EB/OL]．(2019-12-05)[2020-10-28]．http：//www.gov.cn/zhengce/2019-12/05/content_5458839. htm.

[2]邹统钎，吕敏．长城如何实现由国家文保单位向国家文化公园的转型[N]．中国旅游报，2019-12-17(3).

[3]邹统钎，刘柳杉，陈欣．凝练大运河文化　构建流动的国家精神家园[N]．中国旅游报，2019-12-24(3).

[4]邹统钎，黄鑫，陈歆瑜．长征国家文化公园建设发展要把握的五对关系[N]．中国旅游报，2019-12-31(3).

[5]陈鑫峰．美国国家公园体系及其资源标准和评审程序[J]．世界林业研究，2002，15(5)：49-55.

[6]吴丽云，常梦倩．国家文化公园遴选标准的国际经验借鉴[J]．环境经济，2020(Z2)：72-75.

[7]中共中央办公厅 国务院办公厅印发《建立国家公园体制总体方案》[EB/OL]．(2017-09-26)[2020-10-28]．http：//www.gov.cn/zhengce/2017-09/26 /content_5227713.htm.

[8]唐小平，蒋亚芳，赵智聪，等．我国国家公园设立标准研究[J]．林业资源管理，2020(2)：1-8.

[9]史晨暄．世界文化遗产"突出的普遍价值"评价标准的演变[J]．风景园林，2012(1)：58-62.

[10]卜琳．中国文化遗产展示体系研究[D]．西安：西北大学，2012.

[11]杨晨．当"原真性"遭遇"多样性"——中国语境下历史遗产的"原

真性”探讨［C］.（第九届）城市发展与规划大会，2014.

［12］陈耀华，张帆，李斐然.从美国国家公园的建立过程看国家公园的国家性——以大提顿国家公园为例［J］.中国园林，2015（2）：19–22.

［13］Mackintosh Barry. The National Parks：Shaping the System［J］. *Resources in Education*，1985：115.

［14］Gülez S. A method for evaluating areas for national park status［J］. *Environmental Management*，1992，16（6）：811–818.

［15］李明虎，窦亚权，胡树发，等.我国国家公园遴选机制及建设标准研究——基于国外的启示与经验借鉴［J］.世界林业研究，2019，32（2）：83–89.

［16］Chape S，Blyth S，Fish L，et al. United Nations list of protected areas［M］. UK，IUCN Publishers，2003.

［17］陈耀华，黄丹，颜思琦.论国家公园的公益性、国家主导性和科学性［J］. 地理科学，2014，34（3）：257–264.

［18］罗金华.中国国家公园设置及其标准研究［D］.福州：福建师范大学，2013.

［19］杨锐.生态保护第一、国家代表性、全民公益性——中国国家公园体制建设的三大理念［J］.生物多样性，2017，25（10）：1040–1041.

［20］朱春全.国家公园体制建设的目标与任务［J］.生物多样性，2017，25（10）：1047–1049.

［21］杜傲，崔彤，宋天宇，等.国家公园遴选标准的国际经验及对我国的启示［J］.生态学报，2020（40）：1–7.

［22］王京传.美国国家历史公园建设及对中国的启示［J］.北京社会科学，2018（1）：119–128.

［23］龚道德，袁晓园，张青萍.美国运河国家遗产廊道模式运作机理剖析及其对我国大型线性文化遗产保护与发展的启示［J］.城市发展研究，2016，23（1）：17–22.

［24］唐莉．我国国家公园的法律问题研究［D］．长沙：湖南大学，2018.

［25］周耀林．法国文化遗产保护高等教育探析［J］．湖北大学成人教育学院学报，2006（6）：20–22.

［26］李建波．法国文化遗产保护的理念与策略［N］．中国社会科学报，2017–10–24（7）.

［27］苏杨，胡艺馨，何思源．加拿大国家公园体制对中国国家公园体制建设的启示［J］．环境保护，2017，45（20）：60–64.

［28］张振威，杨锐．中国国家公园与自然保护地立法若干问题探讨［J］．中国园林，2016，32（2）：70–73.

［29］董正爱，胡泽弘．自然保护地体系中“以国家公园为主体”的规范内涵与立法进路——兼论自然保护地体系构造问题［J］．南京工业大学学报（社会科学版），2020，19（3）：31–42，111.

［30］李林志．文化遗产的法律保护［D］．西安：长安大学，2010.

［31］庄优波．德国国家公园体制若干特点研究［J］．中国园林，2014，30（8）：26–30.

［32］袁芳．历史文化名城保护与开发的中外法律制度比较研究［D］．桂林：广西师范大学，2008.

［33］张毅，徐晨曦．韩国历史文化遗产保护概述［J］．长沙大学学报，2012，26（3）：18–20.

［34］秦天宝，刘彤彤．央地关系视角下我国国家公园管理体制之建构［J］．东岳论丛，2020（10）：162–171，192.

［35］Mohd S D，Aidatul F B，Hikmah K，et al. Being Neighbor to a National Park：Are We Ready for Community Participation?［J］. *Procedia - Social and Behavioral Sciences*，2012，36：211–220.

［36］徐菲菲．制度可持续性视角下英国国家公园体制建设和管治模式研究［J］．旅游科学，2015，29（3）：27–35.

［37］张振威，杨锐．美国国家公园管理规划的公众参与制度［J］．中国园

林，2015，31（2）：23-27.

［38］陈耀华，张帆，BOJER CAPATI. 基于土著社区参与和发展的自然遗产保护——以菲律宾伊格里特·巴科国家公园为例［J］. 安徽农业科学，2015，43（4）：148-150，248.

［39］黄向. 基于管治理论的中央垂直管理型国家公园 PAC 模式研究［J］. 旅游学刊，2008（7）：72-80.

［40］肖晓丹. 法国国家公园管理模式改革探析［J］. 法语国家与地区研究，2019（2）：11-18，91.

［41］郭琴琴. 三江源国家公园建设资金方案研究［D］. 兰州：兰州大学，2018.

［42］吴健，王菲菲，余丹，等. 美国国家公园特许经营制度对我国的启示［J］. 环境保护，2018，46（24）：69-73.

第三章　国家文化公园管理体制

第一节　国家文化公园的管理体制

一、遗产管理的准则

联合国教科文组织制定的《保护世界文化与自然遗产公约》(Convention concerning the Protection of the World Cultural and Natural Heritage)(以下简称《公约》)是最具普遍性的国际文化遗产保护工具，其核心理念就是保持遗产的原真性(authenticity)和完整性(integrity)。因此，原真性和完整性原则既是衡量遗产价值的标尺，也是遗产保护和利用必须遵守的关键性依据。

(一)原真性

1.“原真性”的理论发展

原真性概念最早出现于《威尼斯宪章》(Venice Charter，1964)中，之后在欧洲社会逐渐得到广泛认可，当时它主要针对欧洲文物古迹的保护与修复。《威尼斯宪章》第5项指出，“为社会公益而使用文物建筑，有利于它的保护。但使用时绝不可以变动它的平面布局或装饰。只有在这个限度内，才可以考虑和同意由于功能的改变所要求的修正”。第6项也同样指出，“保护一座文物建筑，意味着要适当地保护一个环境。任何地方，凡传统的环境还存在，就必须保护。凡是会改变体形关系和颜色关系的新建，拆除或变动都是决不允许的”。

世界遗产领域内关于原真性的解释最初见于《实施世界遗产公约的操作指南》（以下简称《操作指南》），提出原真性检验的四个方面是“设计、材料、工艺或环境（design，materials，workmanship or setting）”，这一认识作为最核心的内容被保留至今。

1994年11月1日至6日，来自28个国家的45名学者在日本奈良对文化遗产的原真性展开了广泛讨论，普遍认为原真性是界定、评估和监测文化遗产的一个本质要素，并形成了《奈良原真性文件》（Nara Document，1994），对于原真性原则进行了比较详细的解释。《奈良原真性文件》第13款指出，想要多方位地评价文化遗产的原真性，其先决条件是认识和理解遗产产生之初及其随后形成的特征，以及这些特征的意义和信息来源。同时，专家们关注到世界文化的多样性及这种多样性的多种表达方式（如古迹、遗址、文化景观、非物质遗产等），指出当原真性涉及文化遗产时，应将这一概念和应用根植于特定的文化环境中。

随后，《圣安东尼奥宣言》（The Declaration of San Antonio，1996）、《保护和发展历史城市国际合作苏州宣言》（1998）、《西安宣言》（2005）等文件的发布，将原真性的保护原则应用于不同的文化和社会中，将其涵盖的保护范围拓展到多样的文化表现形式和手段，丰富了文化遗产原真性的内涵。

2.“原真性”的具体内涵

原真性包含自然原真性和历史原真性。“自然原真性”是指生态系统回到健康状态，“历史原真性”是指让恢复后的生态系统与一个历史参考状态相匹配（何思源、苏杨，2019）。中国的自然与文化遗产，其自然景观与文化遗存往往是相伴而生的，只有结合了自然原真性与历史原真性的保护与展示，才是对遗产最好的传承与保护。1992年，世界遗产委员会最新提出，文化遗产的“原真性”至少应该与5组有形和无形的因素有关，即设计与形式、材料与物质、技术与传统、目的与功能以及背景环境与精神（张成渝，2010）。文物古迹对于历史与文化的传承，其意义不仅在于文物本身，而更在于其功能与利用，在于其设计与使用的背后所涵盖的环境背景、精神意义与生活样貌。

在度量某一文化遗产的原真性时，文化遗产的物质构成只是基本的要件，而其文化构成及文化的整体性，以及基于某些特定人群共同体而形成的遗产的主体则是衡量文化遗产原真性的关键（吴兴帜，2016）。存续至今的文化遗产，其诞生于特定的生活场景与特定的时代背景，其与特定的民俗民生相伴而生。因而，对于文化遗产原真性的保护，不仅在于其本身，而更在于其所在地区自过去延伸到当下的风俗传统与生活样貌，与其地方的历史沿革、民俗传承、生活习惯等皆有相关，都应该承认、继承并且保护。

（二）完整性

1.“完整性”理论发展

“完整性”的概念，首次被提出是在《威尼斯宪章》中，1964 年《威尼斯宪章》第 1 项规定指出：“历史文物建筑的概念，不仅包含个别的建筑作品，而且包含能够见证某种文明，某种有意义的发展或某种历史事件的城市或乡村环境。”该定义将历史文物保护的概念与范围，自其本身扩展到其所在的地理环境，甚至是其所建成时代所处的时代背景与社会环境。

1976 年，《内罗毕建议》关于保护完整性的原则主要有两种：“一是为了最大限度的有效，历史性城市和区域的保护必须是一项关于各个层次的经济和社会发展及体形规划的完整的政策的组成部分；二是必须鼓励一切使历史性城市和区域在适应当代生活的要求时保护它们的特性和可识别性的措施。”以上两条原则则充分指出了文化遗产关于周围环境的重要关系，并指出保护其完整性对于文化遗产保护的重要之所在。遗产本身和周边环境与生活，一同形成完整的历史保护，这样的完整性原则不光为我们保护利用，更为我们解读、认知历史文化提供了更加科学的视角。

2005 年修订的《操作指南》，其第 87 条规定，“所有申报《世界遗产名录》的遗产必须具有完整性”。同时在其第 88 条做出规定：审查遗产完整性就要评估遗产满足以下特征的程度：

a）包括所有表现其突出的普遍价值的必要因素；

b）形体上足够大，确保能完整地代表体现遗产价值的特色和过程；

c）受到发展的负面影响和 / 或被忽视。

近年来，文化遗产的“完整性”内涵又有新的发展。《维也纳备忘录》和《保护历史城市景观宣言》综合考虑当代建筑、城市可持续发展和景观完整性之间的关系，以更好地实现历史环境的复兴与当代发展（镇雪峰，2007）。

2.“完整性”的具体内涵

文化遗产的完整性，既包括范围上（有形的）的完整性，又包括概念上（无形的）的完整性（张成渝，2004）。与关注遗产自身的原真性相比，完整性则更关注遗产的管理范围和整体价值的保护。除却遗产本身建筑、工程与结构的完整，还要注重与其所在环境的协调、其存续时代的连续，对其历史文脉、发展脉络以及不同时代所映射的时代特征进行完整性保护。

关于完整性的原则，从《威尼斯宪章》到《西安宣言》，完整性的内涵已经从确保遗产本身与周边环境的保护，扩展到有形与无形、历史到现在以及自然与人工等诸多方面的考虑因素（镇雪峰，2007）。

文化遗产的价值，不仅在于其自身，更在于与其所处的区域，其周边的自然环境与人群分布的互动与联系。孤立的遗产往往只是单纯符号化的存在，而完全无法展现其自身所反映的文化气息与时代气息，因而丧失其应有的文化魅力。仅以北京内城为例，故宫与中山公园等遗迹虽然保存完好，但游客已经很难看见曾经王朝政治核心圈的样貌。完整性的破坏直接导致原真性的丧失，“文东武西”的布局，“左祖右社”的规制统统不见，千步廊的拆毁也令故宫本身失去了衬托，失去了本可一眼望见的政治象征与文化意义，而只有单纯的建筑集群伫立在此，曾经一度显得“乏善可陈”。再如，前门大街与丽江古城等的过度商业化，前门大街传统商铺的搬迁与丽江古城原住民的空心化，早已让他们丧失了大部分原本的保存意义，诸如此类的事例更是不胜枚举。

二、遗产管理的理论基础

（一）公共产品概念

公共产品是指用于满足国家运转和存在的、满足公共需要的社会产品和服务，如法律、国防、治安、公共道路、环境保护和治理等，其基本特征是非排他性、非竞争性、消费的不可分性和公益性。

公共产品包括纯公共产品和准公共产品两类。

纯公共产品的概念最早由美国经济学家保罗·A.萨缪尔森（1954）提出，“公共产品是具有消费的非排他性和非竞争性等特征的产品”。美国学者布坎南则在“纯公共产品”的基础上提出“布坎南模型”，提出介于纯公共产品和纯私人产品之间的准公共产品理论，指在公共产品“非排他性”与“非竞争性”的标准之下，指出只具备其中的一个特点，或者两个特点都不具备，但却具有较大的公共收益的产品。

按照布坎南的定义，遗产资源属于准公共产品，尤其中国的遗产资源，其所有权归国家所有，对公众开放经营，而且现阶段的遗产管理虽然引入市场化竞争机制，但各个遗产的经营不与其他遗产发生排他性的竞争关系。然而，在旅游者数量达到一定程度时，遗产资源的使用权对于旅游者来说又具有了一定的排他性与竞争性。同时，随着国内旅游的大规模兴起，以旅游为抓手带动餐饮、娱乐、住宿以及租车行等方方面面服务业的全面提升，道路交通，安全设施等基础服务设施的要求全面提高，市场监管，法律法规等行业规范性要求的需求日益增加，旅游以及与旅游相关的遗产管理已经成为公共管理中不可忽略的一部分。

（二）公共管理理论

公共管理是指通过依法运用公共权力、提供公共产品和服务来实现公共利益，同时接受公共监督。其特征包括：协调社会资源的保障；向社会全体成员提供公共产品和公共服务；强调公共部门的行为绩效；实现目标并取得良好效果。

公共管理理论有许多种。中国的遗产管理体系，国家公园体系以及新建立的国家文化公园体系，基于国家所有，地方管理，政府主导，多部门协同等特点，涉及公共管理层面涵盖多种管理理论，以下就其中所要运用到的理论进行论述。

1.“委托—代理”理论

委托—代理理论（Principal-agent Theory）是20世纪30年代，由美国经济学家米恩斯和伯利所提出的，该理论提出所有权和经营权分离的理念，让企业将经营权利让渡。所有者保留剩余索取权。

20世纪60年代末70年代初，伴随着大规模生产协作的发展，分工不断被细化，出现了“生产链”以及“上下游产业”等分工模式，同一家企业无法独自负担全部生产工作，也不能掌握全部生产与管理所需要的信息，因而在非对称信息博弈论的基础之上，委托—代理理论日益受到重视，并成为过去30多年里契约理论最重要的发展之一。其核心是研究在信息不对称的情况下，在竞争与合作的状态中，管理者或委托人如何通过设计，以最优契约激励代理人。如今，“委托—代理理论”早已成为现代公司治理的逻辑起点。

在遗产管理中，关于景区经营是采取“国家公园派”还是“遗产转移派”的争论已经持续多年。“产权转移派”的主要观点认为，文化与自然遗产是经济资源、因而必须遵照市场方式，让市场推动遗产的开发与经营（徐嵩龄，2003）。该理论提出以后，借着“碧峰峡模式”与“黄山模式”的成功推广，市场化经营一度被认为是遗产管理的“真知灼见”。同时，基于中国的遗产归国家或地方所有的这一本质，行政主管部门直接干预景区经营的事例也不断出现，包括“一区两制”“一套班子，两块牌子”“遗产资源包装上市”等运营方式。然而近年来，“产权转移派”的经营方式日显弊端。实施改制的泰山、三孔、峨眉、黄山、武陵源等世界遗产单位，因为过度的商业化与破坏性的开发，全导致了对遗产从内在文化内涵到外在建筑结构的双重毁坏。而一度被忽视的“国家公园派”的观点开始受到国家的重视，强调遗产的公益性，非经济性，注重遗产保护，注重文化展示，呼吁以财政拨款结合市场营收，确保遗产地良心运作，并以美国国家公园为典范，推崇国家公园体系。

2. 寻租理论

寻租理论是指政府运用行政权力对企业和个人的经济活动进行干预和管制，妨碍了市场竞争的作用，从而创造了少数有特权者取得超额收入的机会。

关于寻租理论，最早见于1967年戈登·图洛克（Gordon Tullock）的《关税、垄断和偷窃的福利成本》一文。而直到1974年，才由克鲁格（Krueger）在关于国际贸易保护主义的研究中正式提出。寻租往往与政府干预有关，政府有关限制市场进入的政策或市场竞争的制度导致企业家在市场竞争中盈利存在障碍，进而转头向政府进行寻租活动，并以此取得额外收益。

当下我国的遗产管理长期面临严重的政企不分、责权不明的现象，政企分离的争论始终不曾终止（王兴斌，2002）。我国许多的文化与自然遗产掌握在地方政府手中，地方政府对于遗产拥有高度的处置权，因而许多地方在商业化经营与招商引资的过程中就产生大量的权力寻租。并且在寻租的过程中，企业为了获取高额的利益，为了短期快速盈利，大肆进行破坏性开发，而政府同样为了获得高额的寻租收益，对这种做法大开方便之门。甚至许多地方的遗产管理公司就是由政府管理部门内部的人员组成，导致地方上遗产收益严重倾斜，社区居民被排除在外，利益相关者的利益得不到保证，公众所有的遗产成为小部分人谋求利益的摇钱树。

3. 公地悲剧理论

“公地悲剧”一词源于威廉·佛司特·洛伊（William Forster Lloyd）在1833年讨论人口的著作，而“公地悲剧”的理论模型则是于1968年英国加勒特·哈丁教授（Garrett Hardin）在“The tragedy of the commons”一文中首先提出。公地悲剧指的是有限的资源注定因自由使用和不受限的要求而被过度剥削，由于每一个个体都企求扩大自身可使用的资源，最终就会因资源有限而引发冲突，损害所有人的利益。

我国的旅游资源长期面临过度使用，生态环境退化以及文物古迹潜在毁灭等问题，这也反映出我国对遗产资源“保护”的目标存在制度上的漏洞，“多头管理”“条块管理”的问题使得我们的遗产开发利用与保护传承存在制度上的缺陷。而许多公地悲剧的产生，与旅游资源过度市场化运营，政府监管失利甚至角色缺失有着紧密的关联。Oplhuls曾指出，“强制权力的政府管理是预防公地悲剧的唯一方案”。

4. 手表定律

手表定律是指拥有两块以上的手表并不能帮人更准确地判断时间，反而会制造混乱，让看表的人失去对时间的判断。手表定律在管理型所指的含义是，如果一个人或一个下级部门同时接受几个上级的领导，那么其行为不仅不会更加精准高效，还会陷入混乱。

如拿破仑说，宁愿要一个平庸的将军带领一支军队，也不要两个天才同时领导一支军队。一个人或一个团队，不能由两个以上的上级来指挥，否则将无所适从；而对于一个企业，更是不能同时采用两种不同的管理方法，否则将使这个企业无法发展。

我国的遗产管理就是陷入手表定律的困境。仅以风景名胜区为例，风景名胜区的管理采取风景名胜区管理局，或者成立管理委员会的管理方式。而风景名胜区本身归住建部门管辖，但核心文化遗产又由文物部门负责，关于林业水利等部门也都有所涉及，既要负责多个上级部门指派的任务，又要身负党政机关的事务，还要在资金与经营方面受制于地方政府的决策。其自身的自主权反而严重不足，在经营与管理方面难以发挥文旅系统自身的作用。而至于景区内的多头管理，多部门负责的状态，更是使得遗产管理混乱不堪，甚至管理乏术，执行乏力。因而，建设统一的、完整的管理体系，改变景区多头管理的问题势在必行。

5. 整体政府理论

整体政府理论脱胎于20世纪90年代西方国家新公共管理理论，是指一种通过横向和纵向协调的思想与行动，消除政策排斥，达到功能整合，以实现政府预期利益的改革模式。

“整体政府”概念的提出，是1997年英国首相布莱尔在公民服务会议上，随后的1999年，英国政府出版《现代化政府》白皮书，在总结先前的工作实践的基础上提出了推行“整体政府改革”的十年计划。“整体政府”强调在公共政策与公共服务的过程中，采用交互的、协作的和一体化的管理方式与技术，促使各种公共管理主体在共同的管理活动中协调一致，达到功能整合的目的，为公民提供无缝隙服务。

在我国遗产管理方面，之所以出现景区“九龙治水”的多头管理问题，其最本质的原因在于我国中央与地方的财政分权制度。中国的自然与文化遗产数量过于庞大，而且品类繁多、等级差异，中央难以全部纳入体系统一管理。遗产地本身兼具历史、文化、文旅观光、休憩娱乐、科研教育等多项功能，又对地方经济的发展有着巨大作用，因而势必需要多家部门参与到管理之中。如果能够按照整体政府理论，将文化遗产、自然遗产、国家公园、国家文化公园等全部纳入统一的整体管理体系，建立良好的联合或者协同机制，在改变当下集体主义思想下，各部门自成派系的现状，实现良好的横向协同，那么我国的遗产管理将会呈现出全新的样貌。

6. 网络治理理论

网络治理理论发端于20世纪80年代新公共管理理论后期，最先出现在经济学和工商管理学中。曼纽尔·卡斯特在《网络社会的崛起》中提出了“网络社会”的概念，安东尼·古登斯认可曼纽尔的理论，指出“网络组织”是指一群地位平等的节点依靠共同目标聚合起来的组织，以平等、开发、分权为特征。

至于公共管理层面，则要求改变各个行为主体之间的关系，转变资源分配方式，寻求政治上的变动。政府通过发达的网络技术，配合以更多自下而上决策途径来管理社会。新成员被引入网络中并被授予合法性和资源，政府为它们提供影响政策过程的机会并推动产生其他可能的结果。在具有相当大的不确定性和复杂性的背景之下，公众参与的范围不断扩大，提高了决策过程的合法性。

美国国家公园的“特许经营”制度，日本国家公园的“理事会”制度，法国国家公园的“董事会+咨询委员会”的制度，都在网络治理思想中体现。在政府主导的前提之下，吸纳专家进行规划决策，吸引社会组织参与经营建设，鼓励非政府组织与社会组织参与公园管理，向公众公开信息，广泛征求公众意见，也同样扩大了公众的参与范围，提高了决策的合法性与公平性。

（三）跨部门跨区域协调理论

自 20 世纪后期以来，随着西方社会不断涌现的社会问题，“新公共管理”理论、“新公共服务”理论等理论开始被提出，然而官僚制的管理模式仍然是世界各国的主流。基于官僚制的现状与“新公共服务”的概念，西方国家探索出许多跨部门协调的理论。以资源依赖理论、组织交易理论及交易成本理论、界面管理理论、博弈理论以及网络化治理理论在内的诸多理论，都对跨部门合作模式在理论上起到了支撑作用（陈曦，2015）。

发达国家的跨部门协同有同级政府的“横向协同”，上下级政府的“纵向协同”，政府部门与非政府组织的“内外协同”等，而在我国“官僚制体制”的背景下，我国的跨部门协同的主导模式表现为“以职务权威为依托”和“以组织权威为依托”的两种纵向协同管理模式（周志忍，2013）。关于跨区域协调，国人更加关注政府大部制改革，但大部制的改革同样要基于横向部门间的协作。部门再大也得有个边界，超越这一边界，职责交叉就是必然的，矛盾和扯皮也不可避免（周志忍，2008）。当前，在跨区域性公共危机治理中，地方政府合作已成为普遍共识，并在很多区域建立了合作框架、模式、机制，在一定程度上提高了地方政府合作治理跨区域公共危机的能力，降低了治理成本，增加了区域性整体利益（胡建华，2019）。

我国的国家文化公园建设，长城、大运河以及长征国家文化公园，全部基于大型线性文化遗产的管理。而我国的大型线性文化遗产，地跨多省市行政区，不可避免要面临跨区域协同的管理难题。而我国的跨部门与跨区域协同，全部以纵向协同为主，其同级政府横向协同存在一定的技术难题。尤以我国地方强大的行政区划权力所形成的行政壁垒，以及对上级权威的依赖，而与平级部门相互竞争的风气，我国跨地区协同的常规机制建设至关重要。不仅如此，大型线性文化遗产沿线涉及大量的经济与民生工程，其管理涉及水利、农业、林业、住建、文物、土地以及地方政府行政管理的多重问题，如何建立高效的协同机制以期对我国的大型线性文化遗产做到最好的保护与最大的利用，将是未来我们所面临的艰巨任务。

三、遗产管理的一般模式

文化遗产是随着历史的发展，作为人类的瑰宝而被保留下来的珍贵资源，其不仅反映了特定历史时代的文化现象与生活状态，也是一个民族文化价值与艺术价值的重要载体。因而，对于遗产的保护与利用至关重要，世界各国对于本国遗产的保护与利用都采取了积极的措施，并且许多国家取得了丰富的成果，形成了宝贵的遗产管理的经验。

不同的国家，根据其不同的政治体制，不同的遗产状况，不同的社会、经济以及文化背景，有着许多不同的遗产管理制度。根据国际上的成功经验，总结美国、日本、欧洲等地的文化遗产管理情况，比照中国的遗产管理体制，总结出三种比较成功的遗产管理模式，即以中央集权为特点的中央统一垂直管理体系，以中央与地方合作为特点的两级管理体系，以属地高度自治为特点社区综合管理体系。

（一）中央统一垂直管理体系

中央统一管理是一种自上而下的管理方式，由中央政府设立专营的管理机构，并下设地方管理机构与执行机构，其管理机构自上而下自成一体，不受其他部门干扰，也不受地方政府挟制，更避免许多地跨两个属地的景区饱受争夺掣肘之苦，有助于国家对遗产直接掌控，也有利于科学的规划保护与利用。其资金以政府拨款与社会公众捐赠为主，且其法律法规相对完善，并且执行有效。

中央统一管理的遗产管理模式，最具有代表性的是美国国家公园制度。美国国家公园实行从国家到地区再到公园三级垂直管理的管理体系，自成完整的管理系统，与公园所在地的地方政府没有业务关系（张国超、刘双，2011）。这一点与中国的遗产管理现状很不一样。美国国家公园管理机构的职责还包括依法对管辖范围内的业务进行管理与调整，起到具体管理公园内特许经营业务的行政职能，与特许经营者签订合同，并对其年度计划进行考核与评估（吴健，2018）。

1916 年美国通过《国家公园基本法》，成立国家公园管理机构——美国国家公园服务局，其使命是保护国家公园生态系统的完整性；保护历史文化的原真性；保障游客体验的丰富多样性；构建应对不稳定突发事件管理措施的科学合理性，使美国国家公园体系成为美国乃至国际海陆资源保护地的核心（朱仕荣等，2018）。可以说，美国国家公园不仅是“荒地”保护，自然环境保护，也兼具历史遗迹与文化遗产的保护与管理。其管理内容除了国家公园，还包括国家纪念碑、历史根源、军事公园以及战斗遗址等。

优点：自上而下的垂直管理方式，由中央统一管理，拥有统一的保护与利用，统一的科学规划，通过中央的统筹管理，更好地平衡保护与开发利用的关系，单一的系统内可以指挥统一，明确上下级的行政关系，权责分明，监督有效，避免多头管理，能够保证国家遗产各项法令、政策、方针和措施的有效落实。

缺点：中央的统一管理需要一个国家拥有较高的统筹规划能力，尤其中国自然与文化遗产数目过于庞大，全部采取中央统一管理需要耗费大量的人力与财力。同时，中央的统一管理可能造成遗产地市场竞争力的下降。除此之外，需要我们的公众有良好的遗产保护意识，能够广泛地参与到遗产地的保护与经营之中，同时，更需要完善的法律法规体系、完善的机构设置，否则容易形成责权空置的状况。

（二）社区综合管理模式

社区综合管理模式是一种地方上高度自治的遗产管理模式。由中央政府负责制定政策与法律，地方政府以及地方的社会力量进行经营与管理。中央政府负责监管与调控，而地方负责实际的管理与经营。包括其主要资金也是来源于地方政府与地方社会力量。

以德国为例，德国的联邦政府与各州政府之间有着明确的分工。德国国家公园建立在州有土地之上，由各州政府管理。而联邦政府制定国家公园划建条件和流程，质量指标和管理标准等（陈君帜、唐小平，2020）。国家公园管理机构分为三级，一级机构为州立环境部，二级机构为地区国家公园管理办事处，三级机构为县（市）国家公园管理办公室。它们都属于政府机构，分别隶属于各州（县、市）议会（林辰松等，2015）。

优点：高度的地方自治型遗产管理更加有利于保护当地遗产的原真性与完整性，既能在遗产管理方面充分发挥地方自主性与灵活性，又能在遗产经营方面更加因地制宜，与所在地域的文化与自然相结合。各地的自然遗产与文化遗产都有当地社区主导，当地社区既是继承者，又是管理者，能够充分激发民间力量。

缺点：社区自治的体制下，民众的参与度较高，然而也有着相当大的风险。没有国家统一的规划与保护，地方的遗产很容易陷入盲目开发或者过度商业性开发的局面，因而不仅要求地方政府需具备强有力的文化遗产管理能力，还需要整个国家具备自上而下的良好的监督体系。因为地方政府有着作为当地经济发展的主导者和文化遗产的保护者双重身份，如果没有科学的指导，把握不好尺度，则容易造成对文化遗产的破坏。

（三）中央及地方两级管理体系

中央及地方两级管理体系兼具中央统一管理与社区综合管理的特点，既有中央的统一部署，统一规划，统一监管与统一决策，又有地方高度的半自主管理与经营。地方仿照中央的管理机构设置自己的管理机构，既能发挥中央的主导性，又能发挥地方的灵活性。

法国的文化遗产管理采用的是综合管理的模式，兼具中央集权和地方自治两种管理，同时营利性和非营利性社会力量也普遍参与。法国的遗产管理具有明显的中央集权特征，通过中央和地区两级进行。国家层面，由国家咨询机构“遗产和建筑国家委员会”保障；地区层面，由文化部下属“地区建筑和遗产管理处”垂直管理（万婷婷，2019）。

法国的国家公园体制，分为中央层面与国家公园单元层面。中央层面负责制定政策，提供技术支持；国家公园单元层面采取“董事会 + 管委会 + 咨询委员会”的管理体制，由董事会负责民主协商与科学决策，管委会负责具体执行，咨询委员会负责提供专家咨询服务（杨锐，2018）。

优点：地方与中央采取相同或相似的机构设置，既能够有力实行中央的决策，又能在各自属地内根据实地情况开展遗产保护，既有中央的主导，又具备地方的自主，既保证遗产管理的统筹规划，又不至于让中央承受过大的财政负担。

缺点：两级管理的背景下，中央与地方之间权力的权重难以掌握平衡。因为各地方的管理水平参差不齐，而且各地方的经济发展差异巨大，部分地区过分注重经济导向，对遗产过度开发经营，部分地区因为财政吃紧，而对遗产保护力有不逮。

四、国家文化公园的管理体制探究

（一）中国遗产管理的现状与问题

中国的遗产包括自然遗产与文化遗产，尤对中国五千年的文明传承而言，中国现存大量的文化遗产与历史遗存。自然遗产涉及环境保护、观光旅游、科学研究等领域，而文化遗产则涉及文物保护、古建筑保护、文化传播、历史记忆、精神传承与文化教育等多重方面。既需要完善保护文化遗产，又需要合理开发，让文化遗产“活”起来，发挥其内在的宣传教育的作用。

1. 两级管理体系下，地方政府对遗产地的处置权过大

我国的遗产管理类似于中央与地方两级管理的模式。基于我国文化遗产与自然遗产的数量之庞大，中央难以将全部遗产划归中央统一管理，而且中央统一管理需要大量的经费支出，在我国地方财政分权的大背景下也难以实行，因而导致各地景区实际的处置权与经营权把握在了地方政府手中；不论是政府经营，政商合作，整体租赁，还是委托代理，都因为地方政府的权力过大，而又缺乏科学的决策流程与有效的监管机制，导致寻租牟利的问题难以避免，进而对遗产地本身造成巨大破坏。

2. 利益驱动下，违规开发难以避免

随着人民生活水平的不断提高，旅游行业的经营越发呈现增长态势。景区与遗产地的旅游事业蓬勃发展。而在中国以 GDP 为目标，甚至是唯一目标的

绩效考核体系之下，由地方所实际掌握的景区与遗产地就成了地方 GDP 增长的重要抓手。尤其在行政长官负责制的状态下，短期任期的行政长官为了“立竿见影”的收益，对于遗产地自然是开发大过保护，经营大过管理，重视企业家的规划，而轻视专家学者的意见，甚至是政商勾结，为违规开发开方便之门。

3. 景区多头管理，责权不清，管理混乱

因为我们对自然遗产与文化遗产过多的期许，对其管理与经营赋予过多的目标，导致一处遗产通常需要多家部门共同管理，而由于相关法律法规的不完善，当下的遗产管理，包括景区管理呈现出“九龙治水”的复杂局面，一方面是责权不清，另一方面又是相互争利，对于交通区位优秀，盈利能力超强的景区，各家争相抢夺，而对于表现平平，相对冷淡的景区，则是无人问津，甚至在相关的问题处理时，找不到明确对应的责任主体，如此也为景区的过度开发甚至胡乱作为，开创了有利条件。

4. 遗产地自身属性复杂，加剧了多重管理的问题

中国的遗产体系，有自然保护区体系，风景名胜区体系，国家森林公园体系，尤以 2018 年以后，国家林业和草原局及其某些下属单位加挂国家公园的牌子，不仅没能推荐遗产地的中央统一管理，反而使许多遗产地的自身属性越发变得复杂。以旅游景区为代表的文化遗产地来说，其中涉及住建部、文物局、地方政府、环境与林业部门、水利农业部门等多方干预，而以九寨沟为例，自身兼风景名胜区、国家自然保护区、国家森林公园三重身份，在进行管理时，各部门不仅不能有效通力合作，而且在我国部门系统垂直管理的制度下与部门利益的驱动下，相互掣肘，相关争夺。

5. 遗产地管理体制问题积重难返，需要全新的体制尝试

当下的遗产地大多数仍旧掌握在地方政府手中，而且其许多遗产地成为地方经济发展的重要支点而撬动着地方政府，地方企业以及地方民生等诸多方面。同时，基于我国现行的政治制度，“条块分割”的管理局面难以改善，事实证明，部门系统的“条”状垂直管理与地方区划的“块”状分割对于经济的

总体发展起到相当大的积极作用，只是在自然遗产与文化遗产的管理当中出现不适。一方面，中国的遗产地自身所被赋予的目标过多，另一方面，中国的遗产地自身作为一个主体，其保护与管理确实涉及多个方面，因而，在当前状况下，中国亟须采用一种全新的制度体系，将遗产管理单独成立一套系统，而国家文化公园的建立，正是探索全新管理体制的一次重大尝试。

（二）国家文化公园的目标管理体制

基于当前中国遗产管理的诸多问题，我们可以得出，中国的文化遗产管理需要一套独立的、自成体系的管理系统，因而，最新建立的国家文化公园体系也需如此。比照当前国际上比较流行的遗产管理体系，分析上述的垂直管理体系，社区综合管理体系以及中央与地方两级管理体系，结合当前中国的行政体制，探索出科学的、完整的，适合我国实际情况，有利于我国遗产的保护与开发的管理模式。

1. 管理混乱成诸多问题根源

我国遗产管理存在诸多问题，而其中源头的问题，就是其管理体系的混乱，并因而导致的管理网络不健全，相关政策难以有效施行。

首先，我国对于遗产地管理，兼具教育、科研、文旅、观光、宗教、生态、环保、文化展示与文化传播等多种目标，而且又肩负地方经济发展的重担，因其涉及的部门众多且有助地方经济发展，因而长期处于国家所有，地方实控，多部门参与的混乱境地。

其次，国家的多样遗产地体系涉及不同的部门，风景名胜区体系涉及住建、交通、文旅、土地、林业、工商等，自然保护区和国家森林公园体系涉及农业、林业、水利、土地、环保、生态、交通等。而许多地方身兼多重身份，既是自然保护区，又是风景名胜区，加之2018年正式实行国家公园管理体系，而又无法完全革弊立新，仅仅是在国家林业和草原局及其地方下属机构的基础上加挂国家公园的牌子，对于改变管理混乱的现状收效甚微，甚至一度加重了管理混乱的局面。

最后，在产权不明、责权不清的情况下，必然导致管理混乱，也是因此，完善的法律法规难以建立，科学的规划与决策难以施行，科学的保护与合理的利用让步于过度的商业化与破坏性的开发，政府的权力无可监管，中央的决策难以执行，不仅权力寻租大量存在，政商勾结更是大行其道，至于破坏性的开发利用则是在所难免。

现有的遗产管理体制，不论是风景名胜区体制，自然保护区体制，国家森林公园体制，还是国家公园体制，都有其形成的历史原因与现实原因，积弊日久，积重难返。虽然问题大量存在，但远非一朝之间可以有所改变。

2. 国家文化公园体制创新需全面考量

国家文化公园建设的提议是在2019年7月提出，于12月由国务院印发的《长城、大运河、长征国家文化公园建设方案》(以下简称《方案》)。《方案》中明确指出，国家文化公园的建立，以发掘文化内涵，突出精神教育，传承价值理念，创新管理方法与管理机制为主。面对当下我国遗产管理的诸多弊病，国家文化公园的建设应当严格遵循核心任务，创新管理体制，分清目标主次，科学规划管理。

当下可供参考的管理模式，有以美国为代表的中央垂直管理模式，以德国为代表的社区自治管理模式以及以法国为代表的中央与地方两级管理模式。中国现行的管理模式类似于中央与地方两级管理模式，在运行过程中已经显出其中的弊病，而针对我国现行的政治制度，社区自治的模式也难以施行。不论是德国的模式，还是法国的模式，移植到我国的具体情况之下，正是因为中央权力的缺失，地方处置权的过大，才导致我国遗产管理的诸多问题。尤其在我国中央与地方财政分权的背景下，这一点问题尤其突出。

3. 中央垂直管理的体制对于国家文化公园最为适宜

我国的遗产管理，目标多重，兼具科学保护与开发利用，而在我国当下以GDP发展为绩效考核的状态之下，保护的目标常常让位于开发利用。因而，中央的管理与监管十分必要。同时，因为各地方政府能力差异过大，而遗产保护的操作对于专业性的要求又十分高，因而，专业的专家团队与权威的规划保护意见是十分必要的。其次，因为遗产的开发与保护面临多重目标，而某一地某一处的遗产，究竟该以何种目标为主导，也需要一个科学论证的过程。

在国家文化公园的建设上也是如此。《方案》明确指出，国家文化公园要实行分区建设，即分为“管控保护区”“主题展示区”“文旅融合去”“传统利用区”。从中央负责部门，到地方的负责与执行部门，其科学论证，统筹规划，监督管控都需要统一的中枢部门。因为长城、大运河以及长征沿线，全部属于大型线性文化遗产，其中央部门与各地方同属一系，因而建立中央垂直管理的管理体制最为适宜。

三者都是长距离线性文化遗产，横跨多个省市，各地虽然经济发展不同，地方文物保护与遗产管理的能力有所差异，但国家文化公园是一个完整的整体，不能受地方经济发展水平差异的影响，而务必统筹规划，整体协同。

因而，参照当下国际上成功的文化遗产管理模式，国家文化公园的建设拟以中央垂直管理为准则，结合我国的行政体制与具体国情，结合大型线性文化遗产的管理，探索独属于我国的国家文化公园管理体制。按照《方案》所述，“先期组织开展长城国家文化公园河北重点建设区、大运河国家文化公园江苏重点建设区、长征国家文化公园贵州重点建设区建设工作”。

4. 国家文化公园的建设需要强有力的领导核心与完善的协调领导机制

《方案》指出，“成立国家文化公园建设工作领导小组。中央宣传部部长任组长；国家发展改革委主任，文化和旅游部部长，中央宣传部分管日常工作的副部长任副组长。26 部委中其他有关负责同志任成员。文化和旅游部、国家发展改革委牵头负责长城国家文化公园建设组织协调，国家发展改革委、文化和旅游部牵头负责大运河国家文化公园建设组织协调，中央宣传部、文化和旅游部牵头负责长征国家文化公园建设组织协调”。

从《方案》的内容来看，其指导意见仅停留在方向指导层面，而尚未有关于具体操作的指示。其指导意见仍然是让有关部门进行组织协调，即由发改委与文旅部进行组织协调。然而，按照中国行政部门各自为政，各襄其利的特点，仅仅是赋予其组织协调的职能难以真正称得上中央决策行使到位。因而，在协调相关部门以外，必须首先建立完整的自上而下的国家文化公园管理体系，首先有主管工作的主体部门，而且该部门要对国家文化公园的建设负担主要责任。其次，建立完善的、科学的多部门协调机制，完善决策与协调流程，科学设立既定目标，让整体利益符合部门利益，通过制度设计，在相关政绩考核与责权分配上将有关部门结合在一起，创造正向的“纳什均衡”，激发正向协作机制。

（三）国家文化公园的跨区域协调机制

1. 跨区域协调存在体制机制上的困境

长期以来，我国旅游主管部门一直面临着“大产业、小部门”的尴尬格局。区域内各地方政府无法协调其他地区政府的决策行为，但其本身的决策将影响其他地区政府的决策行为（姚宝珍，2019）。如果不改变现有的以微观监管为主的体制机制改革创新思路，则不但不能发挥出对市场有效的影响力，而且也难以科学引导旅游业的健康发展（胡抚生，2014）。

2018 年文旅融合以后，文旅部加强了与其他部门联合执法的力度，但其努力的重点，仍然是检查景区违法违规现象，打击黑车黑导，打击低价旅游团，而对于当下大众旅游时代，面临市场过载、低质量旅游、供需关系严重失衡、旅游经营收支不平衡等问题，却一直缺乏有力的指导与协调。

现阶段在政府旅游管理机构设置中存在着诸多问题，国家与地方的旅游管理部门的设置，既没有统一名称与职责，又没有统一级别与职能（朱丽英，2016）。相关的模糊设置导致旅游主管部门一方面权力分散，只能以协调安排之名进行行政管理，无实际职权，因而效率低下，而另一方面，旅游部门内部本身的职责也不够明确，行政级别混乱造成职能安排模糊，职能安排模糊则导致行政管理低效且乏力。

2. 跨区域协作存在客观条件上的约束

在跨区域、多层次合作创新过程中，由于各类资源的稀缺性、各创新主体的差异性和各行政区域之间的非统一性，相互之间普遍存在利益冲突、政策不一致等问题（康兴涛，2020）。跨区域合作的各方来自不同地区，各自占有不同的资源优势，同时，各省市之间又有着不同的行政规范，彼此又处在半竞争性质的行政绩效考核的框架之下。优势资源地区与非优势资源地区，经济发达地区与经济欠发达地区，偏政府主导的地区与以市场为主的地区，其相互之间的合作都存在着巨大的不确定性。从投入到收入，从资源共享到利益分配，其中的制度设计对于任何人都是巨大的考验。

随着近年来经济的发展与技术的进步，中国旅游业的发展包括四个方面的动向，即旅游市场全球化、旅游信息数据化、旅游者大众化和旅游组织服务化（吕丽，2015）。而在我国，旅游业的发展处于长期滞后的状态。当下旅游业的发展需要大范围、多部门、多领域的协同合作，融合了技术的进步与管理与服务理念的转变。而我国的旅游管理部门，其职能仍然只停留在小范围监管，浅层次协调，甚至对于新技术与新业态的把握也存在滞后。因此，旅游业高质量发展所需要的跨部门、跨区域的协同缺乏法理依据，缺乏丰富经验，并且因为协同能力的缺失，使得庞大的旅游市场处于高度的混乱之中。

3. 大型线性文化遗产的保护需要制度方面的创新

线性文化遗产是指在拥有特殊文化资源集合的线形或带状区域内的物质和非物质的文化遗产族群（单霁翔，2006）。以线性文化遗产为纽带，从遗产本身到遗产地沿线，再到沿线的文化遗存与风俗民生，其包含着遗产本身文化的共性，沿线不同地域文化的多样性以及不同地方不同时代文化的多样性与典型性，也因此衍生出丰富多彩的特质与样貌，并且内部存在密切的关联与联系。从原真性与完整性的视角来看，不仅包含历史文化价值，更包含巨大的自然生态价值与潜在的经济价值。

我国目前线性文化遗产保护涉及多个行政管理部门，主要以单体要素保护为主，缺乏整体统筹，使得线性文化遗产的整体价值难以有效彰显，这是当前我国跨区域线性文化遗产在保护与利用方面所面临的突出问题（梅耀林，2019）。

张松指出，跨区域的遗产保护利用需要协调、协同开展，线性遗产是一个整体的，各段落不应片面强调自身所在地段的重要性，或者在所属区域，而应该把整个线性文化遗产的故事全部展示出来（张松，2019）。

跨区域线性文化遗产保护与利用的关键，在于形成遗产的价值共识之后，就需要构建跨区域的完整的文化遗产保护和利用体系，以解决大尺度上碎片化的问题（袁昕，2019）。

线性文化遗产的保护，其原真性与完整性的保护与保存尤为重要。一方面，线性文化遗产与周边的生活聚落有着密切的关系，另一方面，遗产本身因地跨长距离、多省份，同一个遗产在不同的地域与不同的生活状态，生活联系产生不同的互动与交流，因而使其本身具有丰富多样的文化内涵。线性文化遗产的每一段与每一区域，其保护与展示都要严格注重原真性与完整性的原则。也因此，线性文化遗产本身文化内涵的挖掘与阐述也对新一代的文化与文物工作者提出了全新的要求。

4. 国家文化公园跨区域协同建设机制的探索

（1）国家文化公园的管理体制以垂直统一式管理最为适宜

故宫博物院原院长单霁翔曾指出，根据大型线性文化遗产的自身特点，我们应当将其作为有机组成的遗产族群进行整体保护，有利于国家宏观调控，有利于各种社会资源的集中使用（单霁翔，2006）。同时，根据文化遗产保护的原真性、完整性原则，对于大型线性文化遗产的保护，从其历史样貌，到文化形态、社会风俗以及物质文化遗存与非物质文化遗存等方面来看，以大型线性文化遗产为依托的国家文化公园跨区域协同机制采取统一管理的体制较为适宜。而这一点，又与上文我们所讨论的，国家文化公园建设适宜美国式的中央统一的垂直管理的国家文化管理体制有不谋而合之处。

（2）中国的跨区域协同需要权威的上级组织

从我国的行政体制来看，地方政府不具备真正意义上的自治权，因此还需要适当调整中央集权，对各级事务进行指导与协调，推动地区之间形成互补的制度安排（姚宝珍，2019）。尤其对于我国各地的资源差异，区位差异，针对各地行政部门的本位思想、部门利益、地区利益等，在合作中常常不免因利益纠纷而使得合作难以行进。中国的行政惯性在于服从上级，而一个统一的上级领导部门也更加能够把握全局，统筹规划，为平级部门的合作做出更好的安排。

（3）单纯的组织协调职能难以满足国家文化公园管理的需要

随着旅游业的蓬勃发展，政府在旅游管理改革过程中也有做出积极探索，有的地方采取旅游局模式，而有些地方采取旅游发展委员会的模式。就现实情况来看，两种方式的试验，并不能改变当下旅游行政管理混乱的局面，反而有所助长。

关于旅游管理的改革，关键是要整合旅游资源，实现部门联合与产业融合，要调动政府、市场和社会的积极性，界定旅游利益相关主体的有效作用空间，发挥多种机制的协同作用（刘庆余，2014）。对于国家文化公园的管理，仅以委员会的方式则稍显不足。首先遗产管理面临着保护与开发的冲突，面临着跨部门、跨区域的横向协作，仅有组织协调职能的“旅游发展委员会”难以真正发挥作用，真正做到行之有效，确保国家文化公园的建设目标高效实施。不仅如此，国家文化公园的建设同样涉及农林水利住建民生等多部门的协同配合，更因其长距离地跨多省市的特点，为求统筹规划，统一保护，协同共建，共同治理，单一的协调组织难以完成如此“艰巨”的任务。

（4）国家文化公园需要高级别的统筹管理机构

我国的旅游行政管理机构设置有机完善。将具有较高级别和较大权力的全国性旅游管理机构给构建起来，其涵盖了多个部门的主要业务机构，如交通运输部、国家旅游局、国家文物局等，对全国旅游工作统一管理（朱丽英，2016）。2018 年，党和国家行政机构改革，将文化部与国家旅游局合并。旅游作为第三产业的龙头产业，其辐射范围几乎涵盖全部的服务业，餐饮、交通、住宿、工商，其管理更是农林、水利、住建无所不包，如此多的功能，将其权力全部归于文旅部门也是不太可能的。但针对于国家文化公园的建设，所有的相关行业务必形成合力，为国家文化公园服务。确保大型线性文化遗产统筹共建，形成统筹管理。因此，有关国家文化公园的统筹管理机构，势必要有较高级别的管理权限，能够充分发挥组织协调的作用，充分调动多方参与，确保其初创时期，各项举措能够有效实施。

（5）创新跨区域合作的合作网络

《方案》强调，要构建中央统筹、省负总责、分级管理、分段负责的工作格局。强化顶层设计、跨区域统筹协调，在政策、资金等方面为地方创造条件。发挥部门职能优势，整合资源形成合力。中国社会经济的发展进入新时代，过去呈点、线式的离散性创新模式逐步转变为网络化、规模化的创新模式，组织内外部要素与人员构建起相互依赖、相互需求、共同发展的关系（康兴涛，2020）。三大国家文化公园以大型线性文化遗产为依托，地跨多省市行政区域。在其核心的管理机构以外，还需要大量地方部门与相关部门的协同。要形成制度设计，让沿线多省市不仅共同参与国家文化公园的建设与经营，而且要在此过程中优势互补，共同获益，形成网络化创新设计，形成良性的“纳什均衡”。

第二节　国家文化公园空间管理

一、空间管理的理论基础

（一）分区理论

国家公园以生态保护功能为主，同时兼具游憩、教育和科研等功能，只有对国家公园进行空间上的功能区划，实施差别化的管理措施，才有可能实现国家公园的多目标管理。1941 年，Shelford 正式提出“Buffer Zone（缓冲区）”这一术语，从而开始了对“核心区—缓冲区”模式的研究。20 世纪末叶，为解决保护地内及周边居民生产生活及发展需求，联合国教科文组织于 20 世纪 80 年代提出了生物圈保护区的三分区模式，即“核心区、缓冲区、过渡区（core/buffer zone/transition zone）”模式。核心区是受严格保护的区域，可以开展监测、研究、宣传和其他低影响的活动。缓冲区位于核心区周边和邻近地区，只能进行与保护目的相符的一系列活动，如开展环境教育与培训活动。过渡区位于外围，与周边居民社区或村庄紧密相连，在这里可进行环境与社会经济发展的实践活动。

1. 可接受的改变极限理论

可接受的改变极限理论（Limits of Acceptable Change，LAC）是在游憩环境承载容量理论的基础上发展而来的，用于解决国家公园和保护区中的资源保护与利用问题。“可接受的改变极限”是 Fdssell 于 1963 年提出来的，他认为一个地区一旦开展旅游活动，就会不可避免地导致资源状况下降，这也是必须接受的。关键是要为可容忍的环境改变设定一个极限，当一个地区的资源状况到达预先设定的极限值时，必须采取措施，以阻止进一步的环境变化。LAC 理论主要控制环境自身的变化，力求在绝对保护（Absolute Protecting）和无限制利用（Unrestricted Recreational Use）之间寻找一种妥协和平衡。

2. 游憩机会谱理论

游憩机会谱理论是一种有效的资源管理工具，在资源的保护与开发中找到平衡点。ROS—游憩机会序列，其基本意图是确定不同游憩环境类型，每一种环境类型能够提供不同的游憩机会。其实质是构架游客体验与实质环境的桥梁。ROS 理论认为，由于每个个体的游憩需求并不相同，而国家公园面对的是广大的游客群体，因此国家公园需要为不同的人提供不同的游客体验机会，只有这样才能满足多元化的需求。

3. 游客体验和资源保护理论

游客体验和资源保护理论是由美国国家公园管理局制定，VERP 模型是在 ROS 理论、LAC 理论的基础上探索出来的。VERP（Visitor Experience & Resource Protection）是基于游客体验和资源保护的管理，是美国国家公园管理局于 1992 年在 Arches National Park 测试成功后，1993 年最新采用的公园分区方法。VERP 的理论认为应该给游客提供多种不同类型的体验，不同类型的体验可以通过分区进行识别。VERP 的分区称为管理分区（Management Zones）在 NPS 出版的 VERP 操作手册中给出了管理分区以及每个分区不同的要求。不同的分区是通过社会条件、资源条件、管理条件 3 个方面的不同水平的组合构成的。目前 VERP 理论在国外已广泛应用到国家公园的分区管理中。

（二）布局理论

1. 产业布局理论

产业布局理论是关于产业地域空间分布规律的科学理论，是经济地理学和区域经济学的重要分支之一。产业布局理论的主要研究内容有两个，一是各类产业在地域空间的分布状态，二是影响产业分布的各类因素。在古典经济学派盛行的时期，诸多学者对产业布局理论进行过探讨，最具代表性的有杜能农业区位论、韦伯工业区位论、克里斯泰勒的中心地理论和廖什的市场区位论等。到 20 世纪 40 年代，随着科技革命的推动，第三产业蓬勃发展。学者们对产业布局理论的研究也不再局限于工业和农业的领域，三大产业综合研究成为时代潮流。

2. 空间布局理论

空间布局是指建设项目各功能区和主要设施的平面和立面位置、组织和联系等方式。公园空间布局是在表现和突出公园功能和主题的前提下，在平面和立面两个空间尺度，处理公园功能、风景资源和游客游览关系的问题，包括公园各功能区和主要设施的位置和关系、功能区内用地占比、道路交通和游览观赏线路组织方式、场地空间的平面与立面关系等。

二、国家文化公园空间管理的国际经验借鉴

（一）分区管理模式经验借鉴

纵观国内外国家公园及自然保护地的分区管理模式，主要以资源的有效保护和适度利用为目标进行功能分区，但分区模式根据各保护地的定位、发展方向及需求而有所不同。

1. 意大利分区模式

意大利国家公园依据保护等级由高至低划分为 A、B、C、D 4 类区域。A

区是严格自然保护区，主要作用是保护区域内的自然环境，除科学研究外不允许人类活动。B 区是生态保育区，范围内禁止新建、扩建或改建，但通常允许建设必要基础设施，允许国家公园管理局实施自然资源管理干预措施，如病虫害防治、入侵物种管理等。C 区是保护区，在生态保育的前提下允许进行低影响性活动。D 区是发展区，范围内以建成区为主，允许进行可持续发展，并制订有相应的市政发展计划。

2. 美国分区模式

美国是世界上最早建立自然保护区的国家。目前，已经建立起以国家野生生物避难所体系、国家公园体系、国家森林体系、荒野地保存体系和国家海洋保护区计划为核心，以土地利用等管理为辅助的保护区体系。美国按照开发强度和野生动物保护角度，将国家公园一般分为原始自然保护区、特殊自然保护区（文化遗址保护区）、自然环境区和特别利用区，经过了一分法、二分法和四分法，如今美国则采用 ORRRC 模式进行分区，将国家公园分为历史文化遗址、原始区、特殊自然区、自然环境区、一般户外游憩区和高密度游憩区等。

3. 加拿大分区模式

加拿大国家公园功能划分为 5 部分，其主要分为公园服务区、公园游憩区、自然环境区、荒野区和特别保护区。其划分依据是公民的游憩利用和生态保护的需要。对本国为了既能有效保护公园自然资源又能提高公众参与性，对国家公园允许开展的游憩活动类型做出了限制。严格保护区不允许公众进入；重要保护区允许对资源保护有利的少量分散的体验性活动；限制性利用区允许低密度的游憩活动；利用区是户外游憩体验的集中区，允许机动交通的进入。

4. 法国分区模式

法国国家公园主要分为保护与发展两类功能分区，但各区域的管理目标随时间发生了转变。最初法国国家公园划分为中心区域与周边区域：中心区域旨在保护生态环境，在其范围内限制或禁止人类活动；周边区域旨在促进经济、社会和文化发展，在其范围内管理较为宽松。法国国家公园在 2006 年改革中以核心区（法语：cœurs de parc）替代了中心区域，同时规定一个国家公园可以拥有若干个核心区，其管理目标是保护自然、文化和景观遗产。

（二）遗产廊道国际经验借鉴

遗产廊道理论起源于美国，它是从绿道理论转化而来的。遗产廊道的概念是“拥有特殊文化资源集合的线性景观，通常带有明显的经济中心、蓬勃发展的旅游、老建筑的适应性再利用、娱乐及环境改善”。从遗产分布形式来说，遗产廊道是一种线性化的遗产区域，将文化意义置于首位，相对于过去遗产的局部保护不同，遗产廊道保护采取区域的观点，同时又是集合自然、经济、历史、文化等多目标的综合体系。

1. 美国伊利诺伊和密歇根运河遗产廊道

1984 年由美国议会指定的伊利诺伊和密歇根运河国家遗产廊道，是美国也是全世界第一条国家遗产廊道，它不仅科学地保护了当地的文化遗产，而且带动了周边相关产业的发展，真正做到文化保护与资源发展相结合。其保护策略与管理经验是值得借鉴的，首先，建立了专项的立法保护，从一开始的《年伊利诺伊和密歇根国家运河遗产廊道法》到《面向未来的路线》，再加上美国国家公园体系的统筹与协调，建立以核心部门为纽带的广泛合作实现共同管理。

2. 英国哈德良长城保护经验

英国政府对哈德良长城的保护做了大量工作。20 世纪 20 年代，英国政府制定了《古迹与考古地区法》，并于 1928 年把哈德良长城置于该法律保护之下。此后，英国政府相继制定了一系列管理规划保护和建设哈德良长城，如设立长城保护区，加固长城，开发长城部分地段等，一系列保护措施实施的同时，也带动了长城周边文化旅游产业的发展，使这条尘封已久的古迹以崭新的面貌闻名于世。

3. 法国米迪运河保护经验

法国的米迪运河（法语：Canal du Midi），也叫双海运河或南运河（Midi 在法语里有南方之意），建于 1667 年至 1694 年，是法国南部一条连接加龙河与地中海的运河。其设计师是皮埃尔·保罗·德里凯（Pierre-Paul Riquet）。该运河的突出特点是设计大胆创新，运用最新科技将运河开发与周边环保融为一体，创造了一个土木工程奇迹，很大程度上推进了科技的发展，为法国工业革命奠定了基础。法国按照《两海运河白皮书》的旅游方针，使运河开发与邻近旅游点发展并举，成功地将米迪运河的线性旅游扩展成点线相连、线面成网的旅游胜地。

4. 加拿大里多运河遗产廊道建设经验

加拿大里多运河（the Rideau Canal）由约翰·拜（John By）设计与督造，建于1826年至1832年，北起加拿大首都渥太华，南至安大略湖的金士顿海港，全长202千米，其中19千米为人工运河，整条运河由河流、湖泊、人工运河及船闸构成。运河的建造运用了当时欧洲先进的静水系统（slackwater system），该运河此后多次有效转型其功能与角色，成功推出了里多文化遗产廊道生态旅游项目。里多运河景观廊道策略（Rideau Corridor Landscape Strategy）是以加拿大公园局（Parks Canada）为主导，沿河各政府和广泛的非政府组织团体联合促进的保护和发展模式。

三、国家文化公园空间管理的目标模式

（一）国家文化公园分区管理

2019年7月，中央全面深化改革委员会第九次会议审议通过了《长城、大运河、长征国家文化公园建设方案》。方案指出这3个国家文化公园项目，要结合国土空间规划，坚持保护第一、传承优先，对各类文物本体及环境实施严格保护和管控，合理保存传统文化生态，适度发展文化旅游、特色生态产业。分区管理是国家文化公园实行差别化管理、实现多功能目标的重要手段之一，通过对国家公园分区管理需求的梳理分析，提出国家文化公园“管控保护—主题展示—文旅融合—传统利用”四级分区模式，探讨明晰各级分区的实施目标、原则及方法，理顺分区管理的方向、重点及方式，为实现国家文化公园的最严格保护及有效管理提供参考。

1. 管控保护区

借鉴国内外国家公园功能区划的方法和经验，遵循国家文化公园的建设理念，以“保护优先”为根本出发点，立足长远，兼顾当前。实施重大修缮保护项目，对濒危损毁文物进行抢救性保护，对重点文物进行预防性主动性保护。完善集中连片保护措施，加大管控力度，严防不恰当开发和过度商业化。结合抢救性保护，合理推进恢复部分大运河航段航运功能。严格执行文物保护督察制度，强化各级政府主体责任。国家文化公园始终突出文化遗产的严格保护、整体保护和系统保护。因此分区指标首先考虑的是保护对象和保护地文化遗产与自然生态系统的原真性与完整性。监管保护区相当于国家文化公园的核心区，其作用是保护文化资源，一般而言，面积约占公园总面积的 50%。

2. 主题展示

主题展示区包括核心展示园、集中展示带、特色展示点 3 种形态。核心展示园由开放参观游览、地理位置和交通条件相对便利的国家级文物和文化资源及周边区域组成，是参观游览和文化体验的主体区。集中展示带以核心展示园为基点，以相应的省、市、县级文物资源为分支，汇集形成文化载体密集地带，整体保护利用和系统开发提升。特色展示点布局分散但具有特殊文化意义和体验价值，可满足分众化参观游览体验。

3. 文旅融合

由历史文化、自然生态、现代文旅优质资源组成，重点利用文物和文化资源外溢辐射效应，建设文化旅游深度融合发展示范区。文物和非物质文化遗产要突出活化传承和合理利用，与人民群众精神文化生活深度融合、开放共享。无论是建设文旅融合区还是推进文旅融合工程，文旅融合都是国家文化公园活化利用资源的重要路径。在不影响重要文物和文化资源保护的前提下，策划、设计文化旅游、研学旅游、红色旅游、生态旅游类产品和线路，开发文化创意型商品，创新文化演出类项目，通过文旅融合的新成果，深入、多维传播、传承、活化文化遗产，让文化资源和文化遗产焕发新的活力。同时借助新科技手段，加强对文化资源、文化遗产的科学保护以及数字化再现，借助 AR、VR、

AI 技术增强参观者对文化资源和文化遗产的深度了解、感知和体验，进一步提高民众对中华文化的认同感，传播中国精神和中国价值。

4. 传统利用

传统利用区是国家公园范围内原本和允许存在的社区和原住民传统生产生活区域，目标是实现人与自然的和谐相处，保护和传承传统优秀文化。该区可以不纳入红线管理，但只能开展限制性利用，排除工业化开发活动，除了必要的生产生活设施，禁止大规模建设，可以开展绿色生产方式，开展环境友好型社区发展项目，适度发展文化旅游、特色生态产业，适当控制生产经营活动，逐步疏导不符合建设规划要求的设施、项目等。

（二）建设国家文化公园遗产廊道

文化遗产廊道是国际遗产保护界内专门针对大尺度、跨区域、综合性线状文化遗产保护的新思维与新方法。国家遗产廊道是美国保护大型线性文化景观的一种重要尝试，经过 30 多年的探索，其运作机制在实践中日臻成熟。当前，我国大型线性文化景观保护工作才刚刚起步，经验还相当缺乏。

长城、大运河、长征国家文化公园均属于线性文化遗产，长城和长征国家文化公园均跨越 15 个省份，大运河国家文化公园跨越 8 个省份，三个国家文化公园共涉及全国 28 个省（区、市）的不同区域，空间跨度大，既需要区域之间的协同推进，同时，作为国家文化公园还需要清晰界定中央与地方之间权责机制。《方案》提出了分级管理的建设思路，构建了中央统筹、省负总责、分级管理、分段负责的国家文化公园建设管理体制。中央成立国家文化公园建设工作领导小组，统筹全国国家文化公园建设，并通过中央财政给予建设补助，各相关省设立国家文化公园管理区，整合和统筹协调本省内的资源，并通过地方财政进一步补充完善本省建设资金。由此形成中央负责宏观统筹、资金补助和监督推进，地方承担内部协调、具体建设和运营管理任务的国家文化公园建设管理分工体系。

建设国家文化公园遗产廊道，提高传承活力，分级分类建设完善爱国主义教育基地和博物馆、纪念馆、陈列馆、展览馆等展示体系，建设完善一批教育培训基地、社会实践基地、研学旅行基地等。利用重大纪念日和传统节庆日组织形式多样的主题活动，因地制宜地开展宣传教育，推动开发乡土教育特色资源，鼓励有条件的地方打造实景演出，让长城文化、大运河文化、长征精神融入群众生活。

第三节　国家文化公园资金保障机制

一、遗产保护与管理的资金来源

无论是中央垂直管理，还是地方政府属地管理的遗产管理体制，“财政硬约束”和“人力软制约”都是遗产保护需要面对的不可回避的问题，不同国家往往根据本国国情采用更加适合自身的筹资方式。一般而言，遗产保护资金主要来源于公共财政投入、文化遗产单位经营收入、民间资金投入、国际援助。由于文化遗产事业大多是不以营利为目的的社会公益事业，遗产单位经营收入有限，因此目前许多国家的文化遗产保护资金组合模式是以国家投资带动地方政府资金相配合，并辅以社会团体、慈善机构及个人的多方合作。

（一）国家和地方政府的财政拨款

文化遗产的公共产品属性，由于其非营利性和排他性决定了它的提供者是国家，因而遗产资源所在之处必然是市场机制运行失效和私人经济难以存在的地方，所以文化遗产保护中所需的资金来源仍然以公共财政投入为主。在部分高经济发展水平和高社会福利国家，如日本、德国、英国、瑞典、挪威和新西兰等国家，自它们建立国家公园迄今，始终执行无门票制度和低强度开发，国家公园管理运行所需资金基本来自国家财政拨款。美国、加拿大、澳大利亚以及欧盟部分成员国的国家公园虽然源于门票及市场化经营的收入较高，但这一部分收入并不作为覆盖国家公园成本的主要资金来源，其主要资金来源仍然是国家财政拨款，即使国家公园内的旅游项目有所盈利，也大多用来补偿国家公园所在地的原住居民，不用于支付国家公园的管理成本。

美国作为国家公园的发源地，也是目前世界上国家公园体制建设最为成熟的国家之一，根据其国家公园管理机构（National Park Service）所发布的预算报告来看，美国目前有 419 个公园单位，2020 年度预算为 41.15 亿美元，2021 年度预算为 35.41 亿美元，主要由国家财政支持。发达国家普遍把国家公园等自然及遗产保护地区作为公益事业发展，管理人员一般为国家公务人员，建设运营的资金大多由政府预算提供，部分保护经费由特许经营收入以及各类社会及个人的融资和赞助构成。英格兰 10 个国家公园的管理和运行资金均来源于环境、食品等部门的划拨，仅 2014—2015 年，这 10 个国家公园共得到 4440 万英镑的资助。国家公园内的少量旅游收入和特许经营收入所获资金用于为当地居民提供收入和生计。在德国，国家公园的全部资金由联邦政府提供，包括行政管理、监督、基础设施维护、环境教育、监测和研究、交流等费用。除联邦政府拨款之外，国家公园还可接受社会资金捐赠。类似地，在加拿大，1999—2005 年中央财政拨款占国家公园财政预算的 75%，自 2015—2016 财年至 2019—2020 财年，加拿大政府计划为国家公园投入 30 亿加元资金，2016 年预算又增加 1.91 亿加元用于维护公园设施。

（二）非政府部门的资金投入

文物保护之所以是一项需要大量经费投入的事业，在于其通常不仅仅用于对文物本体的维修，还包括对周边环境的改善。所需内容涵盖了除文物本体保护、遗产展示以外的征地、移民、拆迁、环境整治、土地利用调整、产业结构转型和基础设施建设等各方面的花费，这些重要项目的实施不仅需要中央与地方合力完成，还需要将文物保护视为一项全社会的事业，吸纳来自经营收入、民间资金投入、国际援助等方面的资金。

1. 国际援助资金的吸纳

遗产援助资金本质上是国际发展援助的一种类型，即指发达国家或高收入的发展中国家及其所属机构、有关国际组织、社会团体以提供资金、物资、设备、技术或资料等方式，帮助发展中国家保护遗产资源和提高社会福利。国际援助资金的来源有多种渠道，包括联合国教科文组织划拨的预算内资金、世界遗产基金、与其他合作伙伴设立基金或捐赠的预算外资金。在《世界遗产名录》之外，还有针对遭受严重威胁的世界遗产而设立《濒危世界遗产名录》，对于那些缔约国无法单独守护的遗产地，由联合国教科文组织协调开展国际援助保护行动，借助全世界的专业力量和资源为其提供国际资金和技术援助，共同保护属于全人类的遗产。此外，世界银行集团等国际组织在保护现有文化遗产方面也发挥着积极作用。在波斯尼亚和黑塞哥维那，世界银行集团与联合国教科文组织、Khan 文化信托基金合作，融合赠款资金与双边融资重建了横跨涅雷特瓦河的莫斯塔尔大桥和旧城建筑。

2. 企业和私人资金的引入

对于一些非涉及遗产核心保护方面的项目，通常由政府部门通过招标的形式将其委托于私营企业进行具体项目的实施。整个过程中，政府部门仅充当“掌舵者”的角色，把握整个项目的目标和方向。在前期，政府主要发挥筑“巢”引“凤”的作用，创造良好的环境和便捷的交通，吸引私人投资，完成项目开发。随后，政府部门逐渐承担起“监督者”的角色，通过减税、免税、冻结或缓缴等多种税收优惠政策，激励公司可持续地完成项目的后续管理，并实施必要的监督。此外，以美国为例，在《国家历史遗产保护法》的指导下，与历史遗产相关的城市规划、住房、税收、交通、环境保护等政府部门也制定了相应的历史文化遗产保护的法律条文，并通过财产税减免、地役权转让、开发权转移、税收抵扣等优惠条款，调动社会力量、解决文化遗产保护经费。2014 年 5 月，意大利政府规定所有参与文物修复的企业可以获得税费津贴，允许在捐助后三年内以退税形式将捐助金额的 65% 返还给企业。

3. 经营收入

采取自给自足的商业经营收益资金模式，其筹集资金的渠道包括门票等准入费、开展娱乐项目和特色服务、住宿交通等附加消费等。不同国家公园的商业经营方式有所不同，主要分为政府经营和通过发放特许经营权交由企业经营两种。对于后者，在不同的国家，企业获得特许经营的权利范围也有所差异：

部分国家公园允许由企业独立开展经营活动，如南非的国家公园对旅游相关项目进行招标，中标的企业向政府上缴特许费并开展经营；部分国家公园通过政府与中标企业合作运营实现创收，如加勒比维尔京群岛国家公园的潜水、游艇租赁项目。南非2000年开始采取商业运营政策管理国家公园，只有在市场运营出现危机时，政府才起到关键的调控和支配作用。

4. 民间组织资金的投入

设立非营利性的半官方或民间基金组织，吸纳各类社会资金。英国国家文物纪念基金（National Heritage Memorial Fund）、德国历史遗产保护基金会（Deutsche Stiftung Denkmalschutz）、日本艺术文化振兴基金会、澳大利亚布什遗产基金会（the Australian Bush Heritage Fund）等组织对本国国内不同来源的保护资金进行有效的管理与使用。目前国外一些国家的基金项目大多用于支持慈善事业的发展。例如，新西兰政府充分利用基金这一平台吸引全社会每一个公众对国家公园保护和建设的关注与支持，国家森林遗产基金在新西兰即用于国家公园的管理。

二、主要国家资金保障制度的创新实践

（一）英国的国家信托制度

英国既是现代信托业的发源地，也是世界上最早开始公益信托的国家。1895年，“国家历史古迹或自然名胜信托组织”（the National Trust for Places of Historic Interest or Natural Beauty，以下简称“国家信托”）由Octavia Hill、Robert Hunter和Canon、Hardwicke、Rawnsley创立，成为英国唯一一个在议会授权下具有接收建筑与地产权力的组织，1993年正式注册成为慈善团体，为全体人民永久保护具有历史价值和自然美的土地及建筑物（For ever，for everyone）。如今，它已成为全英国最大的私人土地所有者，以及全球规模最大、组织结构最完善、最有实力的遗产保护民间组织和公益团体之一。

首先，契约租赁的方式大大缓解了捐赠数量少、资金数额大、筹集速度慢等问题。在组织成立初期，购置与接受馈赠是获得遗产资源的主要方式。随着

国民信托理念逐渐被更多人所认可，组织创造性地提出了签订契约的方式，即财产所有者依据契约在具体年限内把财产出租给国民信托组织，在这段时间内其所有者和继承人除了遵守在特定时间向公众开放，且不能把其开发为商业用地外，仍然能继续享有该地租金等一个所有者该拥有的权利。这不仅使国家信托组织获得了更多的财产资源，还解决了财产维护费用大的难题。

其次，国家信托组织具有面向社会、独立运作的资金保障机制。一是会费收入，约占总收入的34%。国家信托组织的会员制度分为单人、双人、家庭的年会员及终身会员，拥有免费游览景点、免费停车等权益。目前的会员约有380万，每年收入约在2亿英镑。二是经营收入，包括门票收入、礼品销售收入、体验活动收入等，同时国家信托还有自己的彩票销售机构。三是捐赠及租金收入，Duke of Westminster是协会成立初期的主要捐款者。

最后，从房屋的修缮、事务宣传到顾客接待等方方面面，志愿者制度节约了庞大的运营及维修费用。英国于1948年通过的《国家辅助法》中，已确定了志愿者的义务组织法定地位。近70年来，政府给予志愿者及其组织提供税收方面的优惠政策，成为英国遗产保护优秀传统之一。英国国家信托拥有最广大的遗产保护志愿者队伍，按每小时5.8英镑收入标准计算，43万名志愿者的智慧和热情之奉献每年高达1500万英镑，“没有志愿者就没有国民信托（No volunteers，No National Trust）”的标语即体现了这点。

（二）法国的文化遗产彩票

法国拥有庞大的“文化遗产”体系，有大量文物建筑保护需要投入巨资。调查显示，若要对法国的历史文物和建筑采取有效保护，则每年至少需要投入7.5亿欧元。但目前法国政府每年用于文化遗产保护的预算开支仅占文化部预算的3%（2019年约3.03亿欧元），而文化部预算只占2019年法国中央政府总预算额的2.1%。中央政府常常面临财政紧缩，用于文化遗产的预算开支难以满足实际需要等问题。因此，法国文化部也一直在积极寻求预算外的永久性资金来源来保证文化遗产的维修保护。

在法国，彩票与文化遗产颇具渊源。在1714—1729年，将近半数的巴黎教堂用彩票收入实现了翻新。2018 年，法国国民议会通过了文化遗产彩票修正法案，允许设立文化遗产专项彩票，国民皆可参与，彩票收入将全部用于保护文化遗产。5 月 31 日，法国总统马克龙在爱丽舍宫举办文化遗产专项彩票启动仪式，正式宣布法国将发行彩票以募集资金保护濒危文化遗产。法国彩票公司（Française des Jeux）于当年 9 月发行了第一批彩票。据统计，2018 年"保护濒危文化古迹彩票"推出以来，彩票收入有 2200 万欧元，国家返还彩票税收 2100 万欧元，此外私人赞助 600 万欧元，综上共筹集到约 5000 万欧元用于古迹修复。

法国彩票业务由法国国家游戏集团（FDJ）专门经营，收入的盈余全部纳入国家财政或地方财政预算，由国家或地方财政统一支配使用。彩票的监管职能主要集中在国家内政部（Ministre de l'Intérieur），地方政府没有彩票监管权，具体履行监管职责的是内政部下设的赛事和博彩游戏监管分局。监管机构在游戏公司中派驻国家监督员，负责监督游戏公司是否按时将公益金如数上缴国家财政。由于监督员是在公司内部进行监督，监督员本身并不与游戏公司存在利益关系，因此，可以如实地向内政部反映公司运行情况，从而有效保证彩票公益金足额、即时地上缴国家财政。这种全国统一管理、政府垄断经营的模式操作简单，易于监管，国家不必另行设置专门的彩票基金使用部门。

慈善性质的彩票公益金不仅有财政资金不计回报的特点，而且也不像发行国家债券那样增加政府债务压力，又有独立第三方专业团队——彩票公司的管理优势，既能够保证文化遗产免受商业性质的侵扰，又可以让人民通过购买彩票的方式间接地参与到文化遗产保护当中。

（三）意大利的建筑遗产认养制度

作为罗马帝国主要疆域的继承者、地中海商业文明的聚集地、文艺复兴的发源地，意大利在世界历史中具有无可撼动的地位。但历经千百年的风雨侵蚀，意大利多数建筑遗产存在着一定程度的损坏，仅靠政府财政拨款和遗产景点的门票收入，根本无法支撑庞大的修护开支。1994 年意大利开始推行建筑遗产认养制度，在推动社会力量参与建筑遗产保护方面取得了显著成就，被公认为世界范围内建筑遗产保护最优秀的国家。

建筑遗产认养制度是政府在保留建筑遗产的所有权、监督权和保护权的基础上，允许和鼓励社会力量运用市场化的方式，以认领、认租、认购、公私合作（public-private partnership）等多种方式参与建筑遗产保护利用之行为。该制度要求认养时限根据建筑遗产的价值确定，一般等级越低，认养时限越长，最长不超过 99 年。在认养期内，作为建筑遗产的固定监护人，认养人负责其日常管护并提供稳固的资金支持，可以进行内部适度改造和更新，在不改变建筑外部历史风貌的前提下，建设旅游咨询中心、书店、纪念品售卖点、咖啡厅和餐厅等，利用建筑遗产获得收益，但部分收益需要上交给国家。2002 年，意大利政府设立"文化遗产和可持续旅游交易所"——这一官方的文化遗产保护信息交流平台，管理和协调着公众参与文化遗产保护机制，吸引了世界各地知名企业纷纷投资意大利建筑遗产保护领域，建筑遗产修复经费不足之状况得以大大缓解。此外，对于赞助修复的企业，通常会在修复现场的挡板上留下广告空间，用来印企业标识。比如，威尼斯叹息桥在修复期间全部用挡板遮盖，挡板以叹息桥照片作背景，上面印有意大利时尚巨头阿玛尼的标志。

灵活的筹资方式，辅之较为完备的法律体系、明确的权利与义务、强力的执法体系和良好的公众文化遗产保护意识，意大利建筑遗产在得到保护的同时，也在企业管理下经历着良性商业开发，不仅有效地传播了意大利历史文化，而且也推动了意大利文化产业发展，中央垂直管理文化遗产的主导权和社会公信力也得到了大大彰显。

三、国家文化公园的资金保障制度

国家文化公园建设可按照"政府主导、市场运作、社会参与"的原则，构建多元化资金渠道。在中央加强财政支出以及转移支付的基础上，地方政府可通过调整资金支出结构，统筹整合现有各类专项资金及安排专项补助的方式，弥补国家文化公园资金不足。此外，可通过特许经营、产业开发、金融融资、社会捐赠、国际援助等社会和市场方式为国家文化公园的建设筹措资金。

（一）发挥政府主导作用

1. 积极发挥中央财政作用

长征以及长城文化公园沿线省份如贵州、江西、广西、云南、甘肃、青海、宁夏、新疆等资本市场相对不够发达，融资便利性上存在劣势，故而中央以及各部门应通过中央预算内投资渠道和中央财政专项转移支付对其给予更多财政支持。

2020 年文化旅游提升工程第一批中央预算内投资，共安排 57 亿元，支持了 485 个公共文化服务设施、国家文化和自然遗产保护利用设施、旅游基础设施和公共服务设施建设项目。各省级负责单位也要积极申请中央预算内资金支持。例如，江苏省发展改革委将中国大运河博物馆项目上报申请列入 2020 年文化旅游提升工程第二批中央预算内投资计划；甘肃省也已将所申报的两个项目进行了公示：战国秦长城临洮段文物保护利用设施建设项目以及毛泽东界石铺旧址保护建设综合利用项目。而经过国家发改委组织专家评估，遵义会议核心展示园一期——老鸦山长征文化园项目作为长征国家文化公园建设项目的重要部分已经成功入选 2020 年文化旅游提升工程第二批中央预算内投资计划，争取到了 8000 万元的中央预算内投资。

2. 切实履行地方财政责任

中央财政和地方财政两者并重、共同分担、相互配合是关键。省政府作为该省域内国家文化公园建设负责主体，应积极落实财政支持政策。如江西省文化和旅游厅编制了《江西省红色文化资源保护与开发利用三年行动计划（2020—2022）》，明确了将在政策和资金方面支持兴国县红色旅游以及长征国家文化公园（江西段）的建设发展。另外，可以将各省的文旅类专项资金统筹规划，向国家文化公园建设方面倾斜。例如，江苏省财政厅同省文化和旅游厅于 2020 年 7 月共同印发了《江苏省文化和旅游发展专项资金管理办法》，将其原有的省级现代服务业（文化产业）发展专项资金、江苏省非物质文化遗产保护专项资金、江苏省基层公共文化服务能力建设专项补助资金和江苏省省级旅游业发展专项资金四大类资金进行了整合，统一合并为江苏省文化和旅游发展专项资金。这有利于加强和规范文化和旅游发展专项资金管理，统筹资金使用，提高资金使用效益。

3. 发行国家文化公园地方债券

许多地方政府的财政资金匮乏，难以应对国家文化公园建设的资金需求。国家文化公园的社会效益具有长期效应，但是在建设初期需要在短期内进行大规模投资。发行债券是筹集文化公园建设资金的重要渠道。采用政府负债方式取得的资金，具有当年举借当年获取资金，并在一个较长期限中享有资金使用权的特点，符合国家文化公园资金使用的长期性与一次性投入较大的特征。

案例：江苏省人民政府已经在上海证券交易所成功发行江苏省大运河文化带建设专项债券（一期），期限 10 年，利率为 2.88%，规模 23.34 亿元，涉及江苏省 11 个大运河沿线市县的 13 个大运河文化带建设项目，涵盖遗产遗迹保护修缮、文化旅游融合发展、环境整治、生态修复、水利建设、乡村发展等多个领域。这是全国首只发行的大运河文化带建设地方政府专项债券，也是江苏继发行土储、棚改、收费公路、城乡建设等品种专项债券后的又一个创新。

江西省也明确表示将在发行旅游专项债券上给予支持。继续指导赣南等原中央苏区申报地方政府专项债券，支持并指导兴国县申报地方政府专项债券用于兴国县红色旅游产业发展，跟踪协调省发改、财政等有关部门加大对赣南等原中央苏区发行红色旅游专项债券的支持力度。

（二）引导社会资本广泛参与

1. 推行“偏重本地、规范资质、严格管控”的特许经营制度

国家文化公园特许经营制度是指国家文化公园管理机构依法授权特定主体在国家文化公园范围内开展的经营活动。其性质属于政府特许经营，本质上是一种行政许可，将文化遗产的部分经营权，如与文化遗产保护、展示活动关系不大的基础设施建设、住宿、餐饮、购物、休闲娱乐、纪念品开发等服务性、支撑性经营项目通过招标、合同契约形式交由企业进行特许范围内的经营，但所有权、管理监督权仍归属于政府或其遗产行政管理部门。

以长征国家文化公园为例，政府部门可将私营部门作为公园经营的合作伙

伴，拓宽地区和公园周边社区的经济基础。特色红军村一方面要借助具有历史文化意义的村落“讲述”红军长征故事，传承红军文化，另一方面可以深入开发红色民宿，红色农家乐等特色旅游模式。将红军村的开发经营权授予企业，允许其在协议范围内自行融资进行红色民宿的开发经营并借此获得利润，同时要积极履行对文化遗产的保护义务，这样既能够为政府节省财政投入，又可以提高文化公园利用效率，带动当地旅游产业蓬勃发展。目前贵州省遵义市文体旅游局已经与北京世纪唐人文旅发展股份有限公司签订红色民宿战略合作框架协议，是对探索红色旅游新模式的有益尝试。

2. 探索“政府 + 企业 + 基金”的新模式

我国诸多文化遗产景区是由国有文旅企业运营，企业作为市场主体，在融资便利性上具有先天优势。针对国家文化公园建设资金需求量巨大的特点，可以协调各方利益，由政府有关部门引导，以企业为市场主体，设立国家文化公园投资基金或信托投资机构，为资本进驻提供有效的投融资方式，构建一个集开发运营、金融保险、规划策划、地方文旅等各方面的主体于一体的“朋友圈”。同时，政府可以将使用专项债券和投资基金融资项目的贷款纳入贴息扶持范围，推动投资基金和专项债券相互合作，创新多元化投融资机制，构建一个以文旅项目为纽带、产业投资为核心、资源资金相结合的投融资服务平台，缓解文化公园建设的资金困难。

案例：2019 年 1 月 4 日，全国首个大运河产业发展基金——“江苏省大运河文化旅游发展基金”在南京成立，重点支持大运河国家文化公园建设和文旅融合发展。该基金是大运河文化带建设的长期战略性政府投资基金，采用母、子基金协同联动方式，通过政府出资增进和倡议，撬动金融社会资本 200 亿元。由江苏省文投集团作为省大运河文化旅游发展基金管理人和承担大运河文化旅游融合发展投资职能的省级市场主体，同时集团与扬州、淮安、苏州、无锡、常州、南京和徐州等大运河重要节点城市进行了有效对接，拟定了一批区域配套基金和重点投资项目。

3. 建立完善社会捐赠制度

国家文化公园的建设和发展要规范渠道，广泛吸引企业、社会团体和个人的投资和捐赠，弥补资金投入不足问题。例如，通过公益基金会等组织捐赠，个人或公益组织利用互联网发起公益众筹进行捐赠等，为国家文化公园提供资金。完善社会投资和捐赠的配套政策，如在税收方面进行优惠或减免、给予投资捐赠方以荣誉、信誉等方面的保障。同时，要建立第三方监督机制，加强社会投资或捐赠的管理，坚持公开、公正、透明、高效的资金使用原则。

4. 发行国家文化公园公益彩票

彩票具有丰富的经济功能和社会功能，能够刺激消费，有效拉动经济增长。随着彩票业的不断发展，它已经成为国家回笼资金、有效进行第三次分配的重要手段。

彩票本身的偶然获利性将驱使人们去购买。我国发行体育彩票和福利彩票，筹集了大量体育发展和社会福利基金，强有力地支持了这两项事业的发展。国家文化公园的投资周期较长、见效慢，需要大量资金的持续性投入以维持其正常运转。同时，国家文化公园的建设属于经济效益低，社会效益和文化效益高的公共项目，在我国提升文化软实力，凝聚民族文化精神力量的进程中具有重大的战略意义，其重要性不低于体育和社会福利事业。因此，为国家文化公园建设筹资而特别设计发行的彩票，不仅能够作为文化公园建设资金的有益补充，还将促使其成为融入社会大众和平民生活的一个文化遗产。

此外，需要建立和完善相关法律法规，明确界定国家文化公园资金投入、资金使用、资金总量测算方法，确保资金运作的每一个环节都有详细的法律支撑。降低国家文化公园保护管理等各项支出对门票收入的依赖，使国家公园回归公益属性。

建立和健全我国的文化公园资金保障体系是一件任重道远的大事，直接关系到文化公园的有效保护和合理利用。遗产保护的资金困境是我国乃至世界长期存在的问题，但建立起一个稳定的资金保障体系绝不是一蹴而就的事情，而是具有长期性和艰巨性，需要从中央到地方各级相关单位的通力协作，也需要全社会民众的参与和支持。

参考文献

[1]何思源，苏杨.原真性、完整性、连通性、协调性概念在中国国家公园建设中的体现[J].环境保护，2019，47(Z1)：28-34.

[2]张成渝.国内外世界遗产原真性与完整性研究综述[J].东南文化，2010(4)：30-37.

[3]吴兴帜.文化遗产的原真性研究[J].西南民族大学学报(人文社科版)，2016，37(3)：1-6.

[4]张成渝.《世界遗产公约》中两个重要概念的解析与引申——论世界遗产的“真实性”和“完整性”[J].北京大学学报(自然科学版)，2004(1)：129-138.

[5]镇雪锋.文化遗产的完整性与整体性保护方法[D].上海：同济大学，2007.

[6]徐嵩龄.中国文化与自然遗产的管理体制改革[J].管理世界，2003(6)：63-73.

[7]王兴斌.中国自然文化遗产管理模式的改革[J].旅游学刊，2002(5)：15-21.

[8]周志忍.整体政府与跨部门协同——《公共管理经典与前沿译丛》首发系列序[J].中国行政管理，2008(9)：127-128.

[9]陈曦.中国跨部门合作问题研究[D].长春：吉林大学，2015.

[10]胡建华，钟刚华.跨区域公共危机治理中地方政府合作机制研究——以交易成本分析为视角[J].行政与法，2019(1)：10-18.

[11]周志忍，蒋敏娟.中国政府跨部门协同机制探析——一个叙事与诊断框架[J].公共行政评论，2013，6(1)：91-117，170.

[12]张国超，刘双.中外文化遗产管理模式比较研究[J].福建论坛(人文社会科学版)，2011(4)：60-65.

[13]吴健，王菲菲，余丹，等.美国国家公园特许经营制度对我国的启示[J].环境保护，2018，46(24)：69-73.

[14]朱仕荣，卢娇.美国国家公园资源管理体制构建模式研究[J].中国园林，2018，34(12)：88-92.

[15]林辰松，刘志成，葛韵宇，等.中国国家公园管理体系建立的分析与研究[J].建筑与文化，2015(7)：119-121.

[16]陈君帜，唐小平.中国国家公园保护制度体系构建研究[J].北京林业大学学报(社会科学版)，2020，19(1)：1-11.

[17]万婷婷.法国乡村文化遗产保护体系研究及其启示[J].东南文化，2019(4)：12-17.

[18]张引，庄优波，杨锐.法国国家公园管理和规划评述[J].中国园林，2018，34(7)：36-41.

[19]姚宝珍.博弈视角下区域协调发展的制度困境及其创新路径——以制度互补理论为基础[J].城市发展研究，2019，26(6)：1-7.

[20]胡抚生.地方旅游行政管理体制改革应加快职能的转变[J].旅游学刊，2014，29(9)：7-9.

[21]朱丽英.探析旅游行政管理体制改革[J].中小企业管理与科技(上旬刊)，2016(4)：38-39.

[22]康兴涛，李扬.跨区域多层次合作的政府治理模式创新研究——基于政府、企业和社会关系视角[J].商业经济研究，2020(9)：189-192.

[23]吕丽.我国旅游行政管理体制改革探析[J].中国管理信息化，2015，18(6)：230-232.

[24]单霁翔.大型线性文化遗产保护初论：突破与压力[J].南方文物，2006(3)：2-5.

[25]梅耀林，周岚，张松，等.跨区域线性文化遗产保护与利用[J].城市规划，2019，43(5)：40-47.

[26]刘庆余.从"旅游管理"到"旅游治理"——旅游管理体制改革的新

视野［J］. 旅游学刊，2014，29（9）：6–7.

［27］张国超 . 意大利建筑遗产认养的经验与启示［J］. 理论月刊，2020（1）：110–118.

［28］李婕 . 英国文化遗产保护对我国的借鉴与启示——基于财政的视角［J］. 经济研究参考，2018（67）：32–39.

［29］焦怡雪 . 英国历史文化遗产保护中的民间团体［J］. 规划师，2002（5）：79–83.

［30］秦颖 . 论公共产品的本质——兼论公共产品理论的局限性［J］. 经济学家，2006（3）：77–82.

［31］崔运武 . 论当代公共产品的提供方式及其政府的责任［J］. 思想战线，2005（1）：2–7.

［32］唐华 . 意大利如何保护古建筑［J］. 上海房地，2015（10）：52–53.

［33］任思蕴 . 建立有效的文化遗产保护资金保障机制［J］. 文物世界，2007（3）：65–73.

［34］黄丽玲，朱强，陈田 . 国外自然保护地分区模式比较及启示［J］. 旅游学刊，2007（3）：18–25.

［35］杨锐 . 从游客环境容量到 LAC 理论——环境容量概念的新发展［J］. 旅游学刊，2003（5）：62–65.

［36］邹开敏 . 滨海游憩机会谱的构建和解析［J］. 广东社会科学，2014（4）：47–51.

［37］黄岩 . 基于 VERP 理论的梅里雪山国家公园雨崩景区分区管理研究［D］. 昆明：云南大学，2017.

［38］寇梦茜，吴承照 . 欧洲国家公园管理分区模式研究［J］. 风景园林，2020，27（6）：81–87.

第四章　国家文化公园利用机制

第一节　国家文化公园利用的理论探讨

一、文化空间理论

国家文化公园属于典型的文化空间，是重大文化遗产的重要形态。文化空间的概念最早由法国学者亨利·列斐伏尔在其著作《空间的生产》（1974 年）里提出，直到 20 世纪 90 年代后期，在联合国教科文组织做出关于“文化空间”的一系列表述之后，“文化空间”这个既代表概念又是具有专指性的专门用语在联合国实施的项目中变成了一个可视可赏可触的类别，成为在非物质遗产保护工作中可供人们比照思索、参考的例证。“文化空间”也称为“文化场所”（Culture Place），是联合国教科文组织在保护非物质文化遗产时使用的一个专有名词，主要用来指人类口头和非物质遗产代表作的形态和样式。2005 年，我国国务院办公厅《关于加强我国非物质文化遗产保护工作的意见》之附件《国家级非物质文化遗产代表作申报评定暂行办法》第 3 条，关于非物质文化遗产分类界定中明确列举了除与联合国公约中五大类外的第六类即“与上述表现形式相关的文化空间”，把“文化空间”作为非物质文化遗产的一个基本类别，并定义为“定期举行传统文化活动或集中展现传统文化表现形式的场所，兼具空间性和时间性”。所谓“文化空间”，一是特指按照民间约定俗成的传统习惯，在固定的时间内举行各种民俗文化活动及仪式的特定场所，兼具时间性和空间性。二是泛指传统文化从产生到发展都离不开的具体自然环境与人文环境，这个环境就是文化空间。三是在一般文化遗产研究中，文化空间还作为一种表述遗产传承空间的特殊概念，可以用于任何一种遗产类型所处规定空间范围、结构、环境、变迁、保护等方面，因而具有更为广泛的学术内涵。

遗产保护和旅游开发意义上的文化空间，应以遗产保护为核心，以文化氛围营造为重点，同时需要现代产业意识的指导，构建融合传统与现代，具有体验性和互动性的空间。因此，可以将其定义为“以文化核心理念为焦点，以区域文化资源为依托，以社区参与为基础，通过市场产业化的保护提升，构建起的动静相宜、可持续地体现文化精髓的立体化存在”。

二、利益相关者理论

在国家文化公园的利用过程中，需平衡利益相关者的利益诉求并鼓励社区参与。

利益相关者理论是20世纪60年代左右在西方国家逐步发展起来的、进入20世纪80年代以后其影响迅速扩大，并开始影响美英等国的公司治理模式的选择，并促进了企业管理方式的转变。利益相关者这一词最早被提出可以追溯到1984年，弗里曼出版了《战略管理：利益相关者管理的分析方法》一书，明确提出了利益相关者管理理论。利益相关者管理理论是指企业的经营管理者为综合平衡各个利益相关者的利益要求而进行的管理活动。与传统的股东至上主义相比较，该理论认为任何一个公司的发展都离不开各利益相关者的投入或参与，企业追求的是利益相关者的整体利益，而不仅仅是某些主体的利益。利益相关者的划分：企业的利益相关者包括股东、企业员工、债权人、供应商、零售商、消费者、竞争者、中央政府、地方政府以及社会活动团体、媒体等。“简单地将所有的利益相关者看成一个整体来进行实证研究与应用推广，几乎无法得出令人信服的结论”（陈宏辉，2003）。那么，如何对这些利益相关者进行分类呢？国际比较通用的是多锥细分法和米切尔平分法。国内一些学者也从利益相关者的其他属性对其进行了界定和划分。万建华（1998）、李心合（2001）从利益相关者的合作性与威胁性两个方面入手，将利益相关者分为支持型利益相关者、混合型利益相关者、不支持型利益相关者以及边缘的利益相关者。陈宏辉（2003）则从利益相关者的主动性、重要性和紧急性三个方面入手，将利益相关者分为核心利益相关者、蛰伏利益相关者和边缘利益相关者三种类型。文化遗产地利益相关者模型如图 4-1 所示。

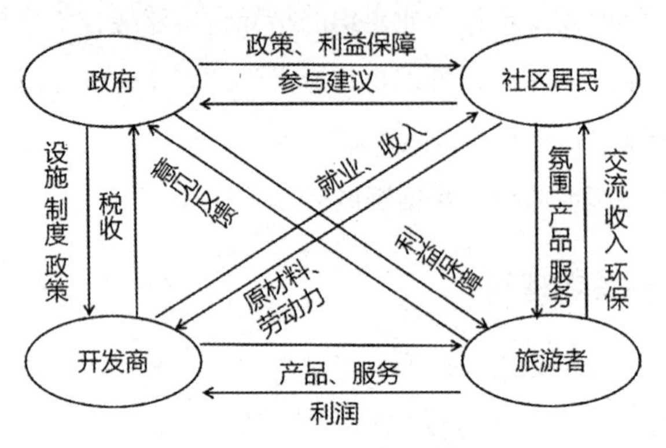

图 4-1　文化遗产地利益相关者模型

共生理论为我们研究遗产保护与开发的利益相关者的协调共生提供了必要的理论基础。共生（Symbiosis）是一个生态学的基本概念，最早由德国真菌学家德贝里（Anton Debary）在研究真菌时于 1879 年提出，后经范明特（Feminism）、布克纳（Phototoxic）发展完善，并形成了系统的共生理论。它是指两种或两种以上不同种的生物在竞争生存空间的过程中，所形成的一种互惠互利、相互依赖、共同生活的关系，即共生单元在一定的共生环境中按某种共生模式形成的关系。共生不是共生单元之间的相互排斥，而是在相互合作中共同进化。协同与合作是共生的本质，但共生并不排除竞争，而是通过合作性竞争实现共生单元之间的相互合作、相互促进。这种竞争是通过共生单元内部结构和功能的创新以及共生单元之间功能的重新分工定位和合作实现的，最终实现“双赢”或“多赢”。1998 年，我国管理工程博士袁纯清提出共生不仅是一种生物现象，也是一种社会现象，不仅是一种自然现象，也是一种可塑状态，不仅是一种生物识别机制，也是一种社会科学方法。

社会参与是关于受众权利的一种理论，又称参与权，社区居民是重要的国家文化公园利益相关者，社区参与是重要的文化遗产利用制度。其地位在1987年《华盛顿宪章》中被重视，《巴拉宪章》也提出："应提供给人们参与一个地方阐释的机会。"社区在文化遗产利用中扮演重要角色（张朝枝，2007）。遗产价值传播是《世界遗产公约》的要求，公众参与是价值传播的条件（柴晓明，2017）。地方社区在振兴和服务方面发挥重要作用，社区参与遗产利用有助于社区经济发展，提高整体素质生活（Sirisisak，2009）。孙九霞、保继刚（2006）认为参与式发展理论非常契合中国文化遗产地社区的利用发展，该理论强调在通过社区成员的积极广泛参与，实现可持续、有效益、成果共享的发展，社区可划分为核心、邻近和外围区。作为该领域的先驱，Arnstein（1969）建议采用八层社区参与阶梯分为三组：操纵性参与、公民象征主义和公民权利（namely manipulative participation，passive participation，and self-mobilization）。同样，Pretty（1995）建立了社区类型学参与包括三个类别：操纵性参与、被动参与和自我动员。

第二节　国家文化公园旅游利用的模式与路径

一、旅游利用理论模式框架

（一）国家文化公园开发利用的原则

国家文化公园开发利用需考虑中国国家文化公园建设中的"条块分割管理、社区人口集聚、区域发展不平衡"的国情差异，在顶层设计层面需首先明确"文化价值导向"和"保护优先"下的国家文化公园开发利用原则。

国家文化公园的旅游开发规划的目的在于对未来发展进行预测、协调并选择为达成一定的目标而采用的手段。Gunn和Var指出旅游开发规划应实现五大目标：提高游客满意度，提高经济效益，改善旅游景区状况，可持续利用资源，社区与地区整合。Inskeep 提出景区规划的主要目的是保护景区特色、开发游客设施、使游客在景点的体验和对景点的评价最优化。景区的规划和管理需注意以下几个问题：确定规划和管理的政策基础；利用人造环境和资源保护的方法平衡保护和游客利用之间的关系；适当利用规划程序、方法和原则；组织游客对景点资源的使用；对资源进行持续性的管理。

国家文化公园是多种要素组成的复杂体系，规划者在制定公园规划时在充分了解当地社会、经济、环境整体状况的前提下，要兼顾满足旅游者需要、当地社会发展目标、社区居民的利益等需求，保证公园要素都能发挥最优作用，科学合理地进行国家文化公园开发规划编制工作。因此，国家文化公园开发利用规划工作应严格遵守客观规律，遵循如图 4–2 所示的原则。

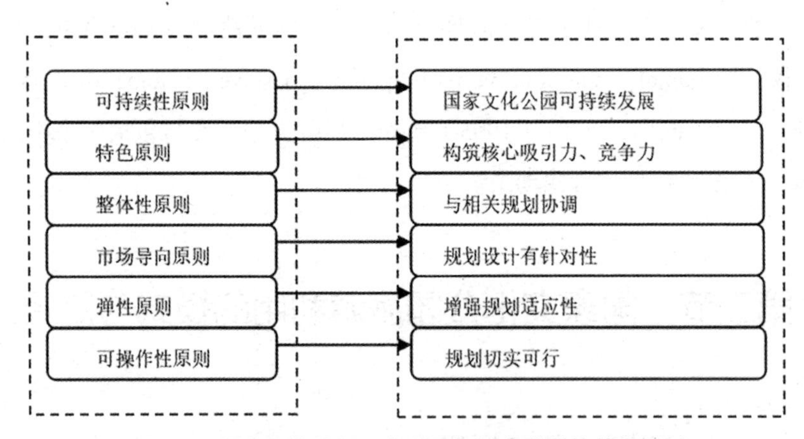

图 4–2　国家文化公园开发利用规划应遵循的基本原则

（二）国家文化公园利用的文旅融合模式与路径

以游客感知为视角，运用结构方程模型法可对文化遗产资源的可持续利用进行策略性研究，并形成如图 4–3 所示的文化遗产利用模型（吴承照，2007）。

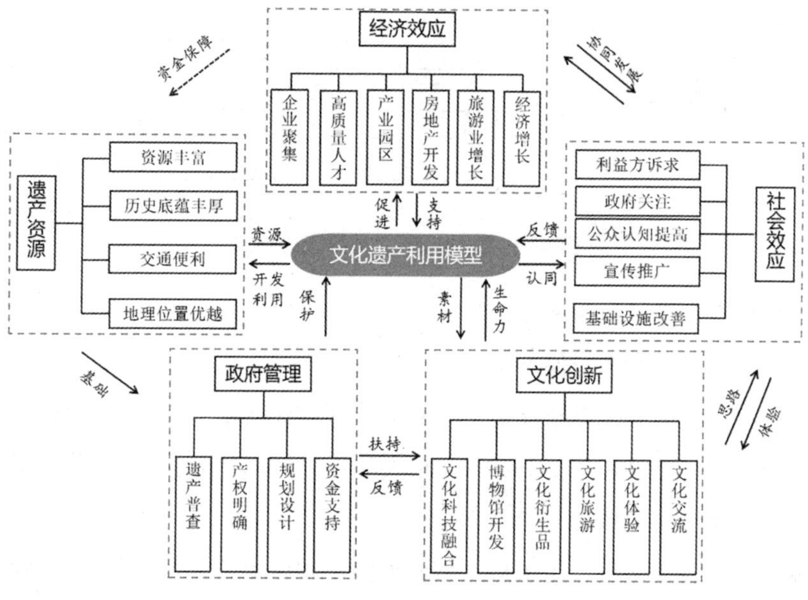

图 4-3　文化遗产利用模型

文化遗产作为一种不可再生的资源，它的利用模式始终是一个循环链条（见图 4-4），文化遗产的理想利用方式，应该是一种“遗产保护—遗产利用—公众—遗产保护”的封闭式利用模式，即在公众自发参与下形成的保护与利用的良性循环，具有“乘数效应”（见图 4-5，陈肖月，2012）。

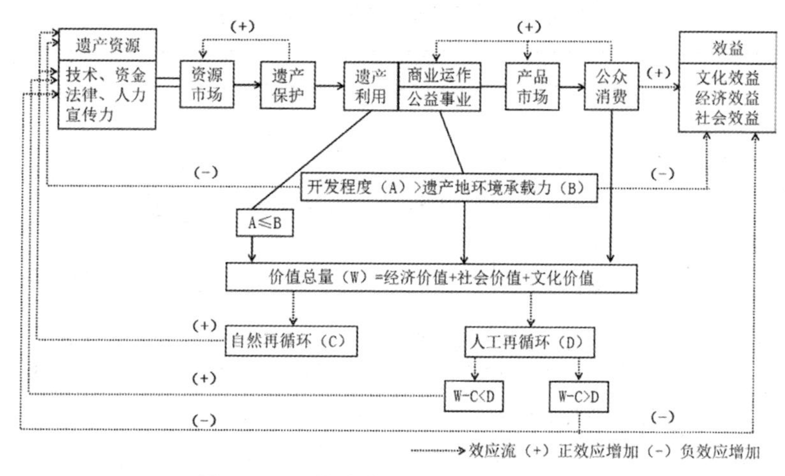

图 4-4　文化遗产循环利用的一般模式

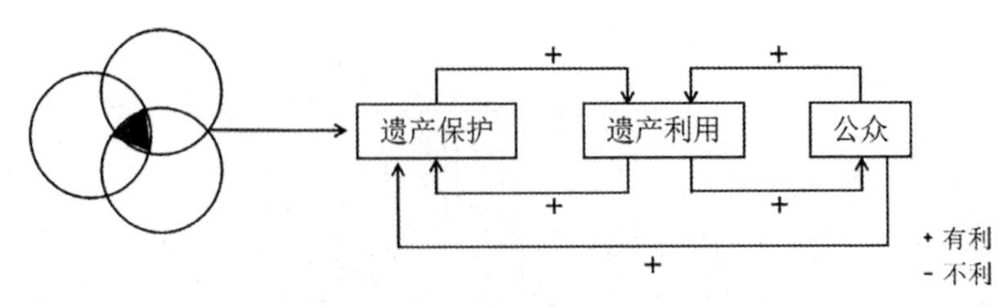

图 4-5 文化遗产利用的理想模式

1. 文化遗产保护的旅游活化机制

（1）文化遗产管理与保护

文化遗产是由后代继承保留至今并为子孙后代造福的群体或社会的人工制品和无形财产（UNESCO，1972）。是人类活动和历史足迹的“活化石”，社会发展的重要标志（Vecco，2010）。

中国文化遗产保护经历了从“整旧如旧”到历史价值保护，从文物保护到文化遗产保护的过程（吕舟，2008）。文化遗产管理对象从物质文化遗产延展到非物质文化遗产；遗产外延从历史古迹转变为文化意义；管理准则从真实性拓展到完整性与多样性；保护模式从抢救性技术核心拓展到预防性综合管理；技术准则从单一普适趋向于多元具体（李模，2015；张之平，2019）。我国文化遗产法规政策历程如表 4-1。

表 4-1 我国文化遗产法规政策历程

时期	文件名称	发布日期	发布部门	核心内容
局部维持时期	《禁止珍贵文物图书出口暂行办法》 《古迹、珍贵文物、图书及稀有生物保护办法》	1950年5月	政务院	中华人民共和国第一个文物保护法令
	《关于管理名胜古迹职权分工的规定》 《关于地方文物名胜古迹的保护管理办法》 《地方文物管理委员会暂行组织通则》	1951年5月	文化部、内务部	文物保护行政体系逐步建立

续表

时期	文件名称	发布日期	发布部门	核心内容
局部维持时期	《中央人民政府政务院关于在基本建设工程中保护历史及革命文物的指示》	1953年10月	政务院	明确指出在基本建设工程中保护文物是文化部门和基本建设部门的共同任务
	《关于农业生产建设中保护文物的通知》	1956年4月	国务院办公厅	首次提出“保护单位”概念，首次在全国范围内进行文物普查
	《文物保护管理条例》	1961年11月	国务院办公厅	确了全国文物普查制度，是中华人民共和国第一部综合性文物法规
	《中华人民共和国文物保护法》	1982年11月	全国人大常委会	中国第一部关于文物保护的专门法规
	《风景名胜区管理暂行条例》	1985年6月	国务院办公厅	第一份关于国家风景名胜资源管理的法规性文件
	《城市规划法》	1989年12月	建设部	规定编制城市规划应当保护历史文化产、城市传统风貌，地方特色和自然景观
	《风景名胜区规划规范》	1999年11月	建设部	为旅游风景区的保护培育、开发利用和经营管理提供了依据
整体抢救时期	《中华人民共和园文物保护法（2002修正）》	2002年10月	全国人大常委会	“保护为主，抢救第一、合理利用，加强管理”的文物工作方针，并最终以法律的形式确立下来
	《历史文化名城保护规划规范（GB 50357—2005）》	2005年9月	建设部	标志着我国历史文化遗产的保护有了切实可行的标准
	《关于加强文化遗产保护的通知》	2005年12月	国务院办公厅	标志着我国文化遗产管理对象已经实现了由文物向文化遗产的转变
	《长城保护条例》	2006年12月	国务院办公厅	我国第一部对单个文物颁布的法律性条例
	《“十一五”期间大遗址保护总体规划》	2006年12月	财政部、文物局	明确提出建设遗址公园，并决定设立大遗址保护国家项目库

续表

时期	文件名称	发布日期	发布部门	核心内容
整体抢救时期	《历史文化名城名镇名村保护条例》	2008年4月	国务院办公厅	这一行政法规的诞生体现了国家对历史文化村镇保护工作的日渐重视
	《关于“十一五”期间大遗址保护总体规划》	2008年10月	财政部、文物局	明确提出建设大遗址保护展示示范园区
	《国家考古遗址公园管理办法(试行)》 《国家考古遗址公园评定细则(试行)》	2009年12月	文物局	标志着国家考古遗址公园建设实践的序幕正式拉开
	《文化部关于加强国家级文化生态保护区建设的指导意见》	2010年2月	文化部	明确了“国家级文化生态保护实验区”建设的意义、建设方针和原则、设立条件、设立程序、基本措施等
	《中华人民共和国非物质文化遗产法》	2011年2月	全国人大常委会	我国首部文化领域的法律、标志着我国非遗保护实现了国家层面的法制化
共保共享时期	《中华人民共和国国民经济和社会发展第十三个五年规划纲要》	2016年3月	中共中央办公厅、国务院办公厅	标志着国家文化公园拉开全新的建设篇章
	《国家“十三五”文化遗产保护与公共文化服务科技创新规划》	2016年12月	科技部、文化部、文物局	明确文化遗产保护与公共文化服务科技创新的方向与任务
	《关于实施中华优秀传统文化传承发展工程的意见》	2017年1月	中共中央办公厅、国务院办公厅	提出要规划建设一批国家文化公园，成为中华文化重要标识
	《国家“十三五”时期文化发展改革规划纲要》	2017年3月	中共中央办公厅、国务院办公厅	提出要依托长城、大运河、黄帝陵、孔府、卢沟桥等重大历史文化遗产，规划建设一批国家文化公园
	《建立国家公园体制总体方案》	2017年9月	中共中央办公厅、国务院办公厅	标志着我国国家公园体制的顶层设计的初步完成

续表

时期	文件名称	发布日期	发布部门	核心内容
共保共享时期	《国家级文化生态保护区管理办法》(文化和旅游部令第1号)	2018年12月	文化和旅游部	有利于加强非物质文化遗产区域性整体保护，维护和培育文化生态
	《长城，大运河、长城园家文化公园建设方案》	2019年12月	中共中央办公厅、国务院办公厅	进一步明确国家文化公园的核心原则、主体功能区、主要任务等

注：根据中国文化遗产事业法律、法规、政策文件编制。

(2) 文化遗产的利用价值

文化遗产的利用价值:《保护世界文化和自然遗产公约》指出，文化遗产具有双重价值：存在价值如观赏、教育等，经济价值（UNESCO，1972）。国家文化公园具有国家价值，包括软实力，如建立文化影响的物证和交流平台等和硬实力，如经济社会发展的资源（苏杨，2019）。利用是指将价值转换为功能（郭娜，2009）。文化遗产的功能在于延续人类文明、教育、文化交流与传播等（苏杨，2016）。文化资本、可持续利用与文化例外等概念和理论成为文化遗产开发利用的理论基础。文化遗产价值的特殊性在于它的年代价值（孙华，2020）。

文化遗产具有经济属性：文化遗产具有经济性、稀缺性、公共性、外部性和垄断性等特性；具有盈利功能但要坚持公益性为主（周锦等，2009；李军，2007；陈来生，2003）。Throsby（2010）将文化资本视为与物质资本、人力资本和自然资本并列的第四种资本，认为文化资本是以财富的形式表现出来的文化价值的积累。日本将文化遗产叫作文化财。徐嵩龄（2003）主张保护优先、公益导向与文化价值经营。政府管理能够保障遗产保护，层级制集权式管理与政府强制性行政行为是摆脱冲突困境的唯一选择（Thynne，2004）。文化遗产利用的国际演变见图 4-6。

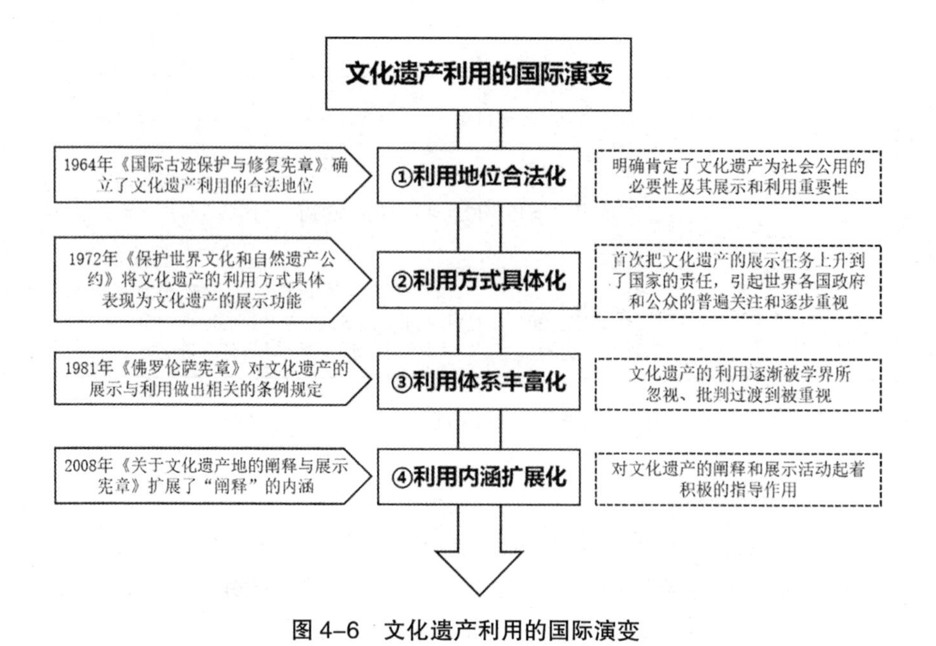

图 4–6　文化遗产利用的国际演变

（3）文化遗产的活化利用

在西方，遗产活化主要表现遗产复兴（revitalization）和遗产再利用（reuse）。国内遗产活化研究则起源于台湾“古迹活化”的概念。古迹活化是指古迹经由重生和再生、以作为空间属性再利用的过程（蔡哲明，2009）。遗产活化的意思实际上就是如何把遗产资源转化成旅游产品而又不影响遗产的保护传承（喻学才，2010），遗产活化是让静态的遗产生动化，借助于“有声有形、有神有韵”的文化产品来展现遗产所蕴含的传统文化特色（龙茂兴，2013）。文化遗产的活化利用是指通过一种“活”的方式，从外部获取驱动力，将文化遗产的内在核心价值经提炼、凝练后，将其中优秀的文化传统和文化基因融化、融入、植入到当今普通百姓生活中，建立符合中国优秀传统文化的价值体系，从而产生经济效益、文化效益、生态效益、社会效益，达到文化遗产适应新时代并继承和弘扬的目的。其中，“利用”只是“活化”的一种途径，而非最终目的。“利用”的目的也不能仅仅出于经济效益考虑，而应该放眼长远，以文化的保护和传承为最终目的。

旅游活化呈现与利用被认为是人类对遗产保护并使之持续存在的重要方式之一（白凯，2018）。遗产旅游者研究方面，Yaniv Poria（2013）等提出并运用个体特征、地点属性、意识、感知四个变量因素来考察文化遗产旅游中游客感知及其行为之间的关系；遗产地旅游活动研究方面，Ian D Clark（2002）对到访澳大利亚格兰坪国家公园的游客进行了调查，提出了解说体系框架。John P Taylor（2001）通过考察新西兰的毛利旅游研究了原真性与真实性，提出了“文化表演”的概念。教育是文化遗产利用的重要目的。UNESCO（1972）提出了发挥文化遗产教育功能的必要性。以韩国为例，为发挥文化遗产教育功能，政府每年会建设教育馆等文化空间。

遗产旅游是文化遗产活化利用的驱动器：遗产的开发利用最初就是与旅游联系在一起的（杨利丹，2007）。1975 年欧洲“建筑遗产年”标志着遗产旅游成为大众消费需求（保继刚，2004）。1999 年王大悟在国内首次使用了“遗产旅游”的概念，国内遗产旅游研究由此开始，在 21 世纪初期得到飞速发展，呈现由发达国家向新兴经济体国家拓展的态势（白凯，2018）。国内外文化遗产利用技术研究的侧重点不同。国内对文化遗产地技术的研究多是个案研究，如某一技术的单独运用等。国外则多从微观出发，以技术的改进、应用与具体案例的深入研究出发，倾向技术的融合与系统的形成。例如，利用 GIS 为旅游者提供经济的路线（T.Turk，1998）、Nunom A.（2001）将 BioCAD（计算机辅助技术）用于遗产的虚拟设计和展示、G.Espa（2006）建立了 DEM（数字地面模型）以及遗址的利用与保护决策树模型等。

2. 文旅融合——文化市场的旅游推拉机制

（1）文化旅游融合的国家文化公园品牌定位——基于地格理论

国家文化公园的品牌定位是其开发利用工作的基础。我们生活在一个“地方战（Place War）”的时代，一个地方同别的地方为经济生存而竞争（Kotler，Haider，Rein，1993），旅游目的地品牌越来越成为国内外旅游业竞争的焦点（Dwyer et al.，2003；Enright et al.，2004；Usakli et al.，2011），独特个性的旅游目的地品牌能使其脱颖而出（Gnoth，1998；Henderson，2000；Murphy，

2007；Leung et al.，2010）。

地格理论形成有三个阶段：概念的提出、生活方式理念的引入与三力模型的形成。受地理学与战略学学术背景影响，承继卡尔·萨奥尔（Carl Sauer）的文化景观理论以及亨利·明茨伯格（Henry Mintzberg）的战略管理思想，在融合地理学的地方性理论和管理学的资源基础论基础上邹统钎提出了地格理论。地格理论认为，游客去往旅游目的地是因为目的地能够提供游客向往的另类生活方式。旅游目的地市场竞争的基础是它的旅游地格，地格是一个地方的生活方式的本质特征，其中对目的地有代表力，对客源地有吸引力，对竞争地有竞争力的生活方式特征就是旅游目的地的旅游地格，旅游地格构成旅游目的地的品牌基因，旅游目的地品牌战略就是基于旅游地格的地方生活方式的再造过程。地格是旅游目的地生活方式的本质特征。生活方式具有文化性、差异性两大属性，共同构成了地格作为旅游目的地品牌基因的本质特征。

首先，生活方式具有文化性、路径依赖性，是一个地区发展过程中长期形成的，难以模仿与替代，具备三力模型中的代表力（Representativeness）。美国社会学家林顿认为“一个社会的文化就是该社会成员的生活方式，也就是该社会成员后天习得、共同拥有、世代传递的思想意识、生活习惯的总和”。吉登斯（Giddens，2003）在给“文化”一词定义时写道：“文化指一个社会的成员或其群体的生活方式，包括他们的服饰、婚俗和家庭生活、工作模式、宗教仪式以及休闲方式等。”可以说，一个地方的群体生活方式即这个区域的文化外显。在文化和旅游融合的背景驱动下，地方的以文化为内核的生活方式将成为地方吸引旅游者的重要名片。荣格讲过，一切文化最后的成果是人格。余秋雨指出，文化是一种养成习惯的精神价值和生活方式。看一个城市、一个国家的文化也是看它的集体人格。这个集体人格里边沉淀的精神价值和生活方式，最后沉淀成了人格。全面地讲，文化是养成习惯的精神价值和生活方式，它的最后成果是人格。

其次，生活方式具有差异性，具备三力模型中的吸引力（Attractiveness）和竞争力（Competitiveness）。生活方式所具有的差异性特征为旅游者追求不同的生活方式提供了拉力，且随着社会发展，寻求更好的或差异性的生活方式已经成为旅游者的普遍追求，成为旅游的内在推力。Iso–Ahola 于 1982 年提出了逃避—寻求理论，被认为旅游者在旅游方面存在逃离惯常环境和寻求能够获得心理补偿的有别于惯常的旅游环境两种驱力，也就是说旅游者存在逃避惯常生活方式，寻求差异性生活方式的两种驱力。“方式”一词，本身即意味着存在差异和允许选择（何纯，2008），且随着全球化进程的推进，过去单调、同质的生活方式得到很大的改观，自主、多元的生活方式初步形成。人们希望通过旅游这种方式去寻找新的生活环境，以期短暂地改变自己的生活方式。关注生活自身的价值、“换一种活法”、过更有质量的生活已经越来越成为人们的心理诉求，被称为“新生活方式运动”。“后现代旅游”是“新生活方式运动”的重要产物，其注重旅游活动的生活化和实践化。厄里（2009）指出，标准化的旅游活动方式在欧美后现代的今日不再是热潮，游客凝视的“不是看风景，而是去亲身体验，去散步、爬山或骑自行车”。后现代游客追求旅游体验的个性化和差别化，这就强调了旅游发展中对生活方式的研究，更是对旅游目的地注重挖掘本土特色的生活方式来打造旅游目的地品牌的重要引领。

（2）文化旅游融合的国家文化公园旅游产品创意策划——基于推拉理论

作为旅游活动的主体，游客是旅游行为的核心要素。旅游活动的产生除了需要具备空闲时间和可自由支配的收入这两个客观条件外，还必须具备旅游动机这一主观条件。旅游动机是推动人们进行旅游活动的内部动力，具有激活、指向、维持和调整的功能，能启动旅游活动并使之朝着目标前进。深入分析游客的旅游动机，找出对游客的旅游动机产生影响的潜在因素，对旅游产品开发和旅游服务的提升，促使旅游动机向旅游行为转化有很大的指导价值。

国外运用推—拉理论解释旅游现象的定性和定量研究出现较早，近年来国内也逐渐将推—拉理论用于旅游行为研究中，这些研究成果都表明推—拉理论能较好地解释旅游者行为现象，对旅游者选择到特定类型旅游地的行为决策进行推拉因素研究具有重要实践意义。

（3）文化旅游融合的国家文化公园游客画像——基于大数据分析技术

目前，运用深度学习技术来探究游客对旅游目的地的形象认知也相对成熟，运用该技术进行文化旅游目的地的游客画像研究也有了初步进展。该技术主要运用卷积神经网络：卷积神经网络（Convolutional Neural Networks，CNN）是深度学习算法在图像处理领域的一个应用。它的基本结构由输入层、卷积层（Convolutional Layer）、池化层（Pooling Layer）、全连接层（Full Connection）和输出层组成。一个典型的 CNN 网络结构为输入→卷积→ReLU→卷积→ReLU→池化→ReLU→卷积→ReLU→池化→全连接。其中 ReLU（Rectified Linear Unit）是线性纠正单元，作为激活函数控制卷积层的输出映射，形式为：$f(x)=max\{0, x\}$。CNN 中一个卷积层与一个池化层相连接，即数据输入后先进行卷积操作，再进行池化操作。卷积层和池化层一般会取若干个，并交替设置。最后在输出之前经过全连接层，对学习到的特征进行整合后输出：①输入层。CNN 用于图像处理时，输入是图像的像素数矩阵（例如，若图像大小为 $a \times a$，则神经网的输入 $a \times a \times 3$ 的矩阵，其中 3 表示像素点 RGB 数值）。输出则是一个一维向量，其中向量长度表示分类类别，向量中的各个值则表示图像隶属于此类别的概率大小。②卷积层。CNN 模型在输入层之后连接卷积层，用于捕获图像的局部特征。卷积层通过 $h \times h$ 的卷积核（过滤器 filter）为输入矩阵中的每一个元素赋予一个权重，并加权求和，使一个卷积核面积大小部分上的输入矩阵变为一个数；再通过固定步长横向，纵向移动这个卷积窗口，形成若干特征图；其中 h 为卷积核尺寸或卷积窗口大小。一般会选用多种尺寸的卷积核，使模型可以得到多种不同的特征图，进而学习到不同的局部特征。③池化层。池化层连接于卷积层之后，为卷积层得到的特征图进行降维，从而得到特征图中最明确的局部特征，减少图像的空间大小。池化层的最常见形式是最大池化（Max Pooling）。池化在每一个纵深维度上独自完成，因此图像的纵深保持不变。④全连接层。CNN 中的输出层是全连接层，它连接于池化层之后，由 2 层构成：第 1 层是负责整合池化层输出的局部特征信息的隐藏层，其与上一层池化层的所有神经元节点进行全连接；第 2 层是连接在隐藏层之后的分类层，其负责进行分类，最后输出图像所属类别。⑤反向传播。每层中卷积核参数，权重矩阵 W 成了特征提取的关键。卷积核的确定，或者各层权重值的确定需要通过“训练”得到。以上从输入层开始到输出层结束的过程称为前向传播。但神经网络模型的训练还需要通过 BP 算法（Back Propagation）进行后向传播。通过计算输出值和期望值之间的误差（损失函数），不断调整权重矩阵 W，提高分类的准确度的过程，后向传播开始于神经网络的输出层，并逐层向前传递。损失函数如下：

$$E_{total} = \sum 1/2\ (\text{target} - \text{output})^2$$

根据以上损失函数计算输出值和期望值之间的误差。一个训练周期由单次正向和反向传递完成。对每一训练图片，程序将重复固定数目的周期过程。一旦完成了最后训练样本上的参数更新，网络有望得到足够好的训练，以便层级中的权重得到正确调整。

3. 文旅融合——文化价值的旅游共创机制

游客在游览国家文化公园的过程中，若可以直接参与进文化价值共创中来，不仅可以实现国家文化公园所承载的优秀传统文化的良好传承，还能实现优秀传统文化的创新。

价值共创是指 21 世纪初管理大师 Prahalad 等提出的企业未来的竞争将依赖于一种新的价值创造方法——以个体为中心，由消费者与企业共同创造价值的理论。价值共创对企业和消费者都具有重要的意义。通过让顾客参与价值共创，帮助企业提高服务质量、降低成本、提高效率、发现市场机会、发明新产品、改进现有产品、提高品牌知名度、提升品牌价值等，这些构建了企业区别于其他竞争对手的竞争优势。消费者通过参与价值共创，可以获得自己满意的产品，获得成就感、荣誉感或奖励，通过整个价值共创的交互获得独特的体验等；消费者的这些收获又进一步对企业产生影响，如提高顾客的满意度、忠诚度、购买意愿等。价值共创机制（IERT）包含四方面因素：互动（Interaction）、体验（Experience）、风险评估（Risk Assessment）和透明度（Transparency）。

（1）互动（Interaction）：通过互动不仅可以了解客户的需求，还可以让用户深度参与，和企业、设计团队做到共情、共景、共识。通过互动，企业的设计团队可以充分了解消费者的需求，站在消费者的角度来审视问题。有了情感和心理上的统一，设计者就可以和客户一起进入场景，识别关键环节和影响要素，体会在不同场景下消费者对产品性能的预期和依赖，还可以识别出客户对产品失灵或是性能降低的容忍度。在完成这些工作的基础上，需要和客户就产品的设计性能和客户预期达成共识。保留能实现且符合成本要求、技术水平、设计理念的内容，搁置较为有争议的部分，摒弃有损企业形象、消费者利益的东西，在消费者预期和产品设计可行性之间取得平衡，更主要的是取得消费者的谅解，这样的设计才能获得消费者充分的认可和足够的包容。

（2）体验（Experience）：如果说互动是纸上谈兵的话，在体验环节就是实际感受的过程。企业一定要让消费者得到体验的机会，同时给予必要的支持。例如，相关的专业知识、使用工具、必要的场景等。通过资源的投入来保证充分体验的必备条件，让消费者毫无阻碍地按照自己的方式去实践，随心所欲地进入实用场景之中，从而激发出内心真实的感受。这个过程即可以验证消费者想法的科学性与可行性，同时也是检验设计团队的理解能力、研发能力，企业技术水平和资源保障能力的过程。体验得好，不仅可以获取一手的资料，还可以树立企业的形象、赢得消费者的信心。从研发阶段就可以培养“粉丝群”，通过不断的体验缔造出专业水准的超级用户。

（3）风险评估（Risk Assessment）：风险评估是必不可少的环节。面对消费者体验过后的评价和期待，企业除了收集、整理之外，还有一项重要的工作就是评估风险。这里的风险主要是指产品一旦投入使用，对消费者造成的伤害和对企业带来的不利影响。在与消费者沟通的过程中，设计团队很可能因为创意的想法和灵感而兴奋，容易忽略潜在的风险。对于风险管控的最佳办法就是“披露”，毫无掩盖地公布于众。今天的消费者在了解产品效能的同时还对风险更加关注。俗话说“多一利必然添一弊”，消费者在为产品性能欢呼的时候，设计者们需要保持冷静的头脑，充分评估产品可能带来的风险。在充分评估风险的同时，将具体内容以及潜在危害进行披露，不仅保证了消费者的知情权，同时还大大降低了“危机公关”的概率和处置成本。

（4）透明度（Transparency）：一直以来损害消费者利益的最大因素是信息的不对称。为此，企业可以攫取大量的隐形利润和非法所得。但是随着网络信息的不断发展和普及，消费者的专业水平不断地提升，生产环节的“黑箱”和“信息孤岛”正在逐渐消失。随着商品、技术和信息获取的成本越来越低，企业很难再瞒住什么东西。与其让消费者挖出来，不如生产厂家率先做到信息透明，包括成本、周期、利润率、产品知识等相关信息都可以列入透明范畴。让消费者充分了解产品信息还有一点好处是可以提升消费者对于价值共创机制的信任程度，充分的信任不仅有利于价值共创的实施效果，同时还有利于维护这样一个机制的长远发展。

随着旅游业的深度发展，将价值共创理论应用在旅游学研究的文献也正在逐年增多。国外学者对旅游价值共创的理解由单一的、静态的向游客提供旅游产品逐渐转变为复杂的、动态的与游客互动，共同创造价值的过程。学者们认识到旅游消费通常发生在一定的社会环境中，游客会在社会环境中与其他游客发生交互和共享经验的行为，形成了服务体验的一个重要组成部分。比如，游客参与导游、邮轮假期以及节日，与同伴共度旅游时光并满足其他游客的需求（Brown et al.，2002；Huang and Hsu，2010；Packer and Ballantyne，2011；Prebensen and Foss，2011）。在以游客为纽带的社会实践中，能带来坚实的社会关系，并提高他们的社会技能（Arnould and Price，1993；Wilks，2011），这就是共同创造带来的价值。然而，很少有人知道这个价值是什么，以及怎样共创，越来越多的旅游营销研究在探索价值共创的概念（Binkhorst and Den Dekker，2009；Cabiddu et al.，2013；Griessmann and Stokburger-Sauer，2012；Sfandla and Bjork，2013）。并且，这些研究在很大程度上局限于旅游组织与游客之间的价值共创。需要进行更深入的探讨，应承认游客与他人共同创造价值的能力，而不局限于与组织合作的层面上。

4. 文旅融合——文化推广的旅游传播机制

旅游传播机制即如何进行旅游传播，旅游传播的各个环节有机地衔接在一起，形成了旅游信息合理流通的渠道。国家文化公园的形象设计完成后要对其进行各种途径的传播，只有将国家文化公园的形象传播出去，才能让公众感知到，才能使公众产生来此游览的欲望。不同的传播途径会产生不同的传播效果，传播的效果也关系着文化旅游地形象以及品牌在人们心目中的印象程度。石培基、李先锋等详细阐述了旅游形象传播媒介分类与特点，他们认为旅游形象传播媒介主要包括大众传播媒介、人际传播媒介、户外传播媒介、实物传播媒介等。从传播界面上看，旅游传播可以通过自我、人际、大众以及信息高速公路和多媒体传播，不同的传播界面对乡村旅游地传播的效果会有所不同，因而在选择传播媒介时，要从具体的实际情况出发，针对不同的客源市场选择有针对性传播媒介。

旅游活动不可能离开旅游资源中蕴含的文化，其过程就是文化的传播。传统文化和旅游活动是密切相连的，其媒介运用又是其成败的致命点，所以从传播学角度研究旅游是十分得力的突破口。从传播学的角度看旅游文化，显现得非常清晰明了。从目前收集到的文献和著作中可以总结出，大多是把传播学作为一种研究方法或手段以辅助于旅游，运用其媒介战略广泛涉及，应用到旅游产品外形和品牌推广。旅游文化传播，是目的地人际符号的内传或外延。即旅游地特有的文化信息的传递或传播旅游文化信息的运行过程。旅游文化传播在旅游过程中，是文化传播的重要方式和途径，具有地域性界限。它是以旅游资源为基础，传播理念为核心，旅游文化为辅佐的特殊传播形式。旅游本身就是作为信息传播的媒介和载体而存在的，几乎所有的旅游从根本上都有鲜明的信息传播烙印，存留传播的印记。旅游文化传播有如下几种类型。

（1）内向旅游传播：人与自然的传播交流，是内向传播的一种表现。内向旅游传播是最基本的旅游传播类型。旅游传播的重要组成部分就是人内传播。旅游过程是人对各种景致的感悟和欣赏，是人的内向传播。从这个意义上可以看出：旅游是人的精神活动的放松。因为旅游的信息源都可以通过人内进行传播，在人内形成的特殊传播。而利用人的身体又具有一般信息传播系统的特点得出结论：人本身就是传播系统。

（2）人际旅游传播：在旅游人际传播中，主要表现为传播者和受传者互为彼此，相互沟通、相互影响，相互作用，正是这样才促进了旅游活动的不断深入和发展。包括旅游者、旅游服务人员、旅游目的地当地居民及其他旅游者之间的传播关系，本身就形成了人际旅游传播。

（3）媒介旅游传播：旅游目的地形象传播所借助的媒介众多，主要可以分为印刷媒体（如报纸、书刊等）、电子媒体（又分为传统媒体和网络新媒体）这两大主要的类别。

（三）国家文化公园利用的休闲游憩模式与路径

在新时代背景下，我们越来越强调居民休闲游憩与美好生活的联系，更加关注社区公共开放空间的休闲游憩功能。国家文化公园作为国家最新规划的文化休闲开放空间，构建其合理完善的休闲游憩模式直接关系到利用效果。

1. 赫尔辛基休闲游憩发展和公共开放空间营造

（1）政府主体的战略引导

开放空间纳入未来城市发展计划：2017 年，赫尔辛基城市规划部门发布了《赫尔辛基城市发展规划（2050）》，旨在将赫尔辛基大都市区域建设成全球性城市，依托开放空间进行休闲游憩发展，是 2050 年城市发展计划的七大远景之一。

设置主管休闲游憩的职能部门：在对赫尔辛基未来的开放空间勾画了整体蓝图同时，赫尔辛基市政府还设立了文化和休闲部门，其下体育司专门负责休闲体育场地和设施的供给和维护。

（2）社会机构的组织参与

社会机构的顾问指导：社会机构在赫尔辛基社区居民休闲游憩组织和开放空间的更新发展中发挥着重要作用，其弥补了政府规划的不足，积极调动社会和居民的力量，使上位规划得以落实。

社区居民的多代际交流和决策：在 Kannelmäki 社区开放空间的更新设计中，社区居民作为最直接的利益相关者，其关切的问题得到忠实的记录。为充分考虑各年龄层对空间的既有印象和未来期望，阿尔托大学工作坊发起了“明信片”活动，重点组织了青少年和中老年居民的跨代际交流。

社区开放空间参与式更新：在多代际交流和决策的基础上，选择较为重要的开放空间节点进行重点设计。以设计项目“移动咖啡厅”为例，该项目概念由阿尔托大学建筑系学生 Tuula Mäkiniemi 提出，旨在通过小型项目的共建共享，以点带面激活社区居民主动参与开放空间更新。

（3）专业的空间营造

空间连通性营造：连通性是激活休闲游憩行为的前提条件。为强化开放空间的连通性，赫尔辛基城市规划部门对城市范围内的社区开放空间连通性提出了发展要求，各社区内部绿地应该与周边更广阔的城市开放空间连接，以形成完整的休闲空间网络，必要时可考虑建设绿色立交或地下通道，同时，在“城市绿指”内部增加更多的休闲游憩小径，并在随后发布的城市环境手册中明确了这些“城市绿指”的连通形态。

空间场所性营造：场所性是吸引休闲行为的基础。空间场所性的形成并不要求多因素的齐备，单一因子的突出表现往往能达到意外效果。位于赫尔辛基南部港口的 Kalasatama 社区一直以模糊的地形存在，它的未完成性和过渡性形成了该区域开放空间极高的自由度，激发了城市居民在该地区的短暂创作和休闲活动。滨水开放空间的过渡时期为周边社区提供了一个空旷和未完成的空间，其旺盛的空间活力反映了自由、可利用的开放空间在现代城市中的稀缺性，也为开放空间的场所性营造提供着独特的思路。

空间功能性营造：功能性是触发休闲游憩行为的直接原因。一项来自赫尔辛基大学的研究表明，社区居民的休闲游憩行为正趋于主动化，尤其对于青少年群体而言，社区开放空间能否提供互动机会显得尤为重要。

2. 休闲游憩导向下国家文化公园公共开放空间营造策略

国家文化公园将是公众进行休闲游憩活动的重要支撑。因在借鉴赫尔辛基经验基础上，提出我国国家文化公园开放空间休闲游憩功能营造的参考策略。

（1）政府引导国家文化公园公共开放空间整合

目前我国规划的三大国家文化公园涉及多个省市，空间跨度大，协同难度高，需要在战略层面的统筹规划，使其休闲游憩功能最大化。为此，应加快推进各省市涉及的国家文化公园区域进行公共开放空间的系统整合。①依托蓝绿空间打造跨区域公共开放空间休闲网络，重视各区域的实际连通与整合作用，搭建跨尺度开放空间之间的沟通桥梁。②优化公园内部的游憩设施配置情况，充分发挥用地兼容性，并设置土地再开发中的用地公共化比例要求，随着国家文化公园的更新发展和时间的推移逐步获取建设用地，提高其休闲游憩功能。③由政府主导探索公私合营制度，通过制度设计提高不同产权用地中户外空间的公共性，缓解国家文化公园公共开放空间系统破碎的现状。

（2）空间生产过程向扁平化转变

国家文化公园的休闲游憩空间生产有必要从组织模式的角度，推动空间生产从垂直模式向扁平化和网络化转变，使公共开放空间的相关主体都能有效影响最终空间成果。具体有以下措施：①搭建国家文化公园多主体的公共开放空间营造平台，将政府部门、开发商、社会机构、居民群体、相关专业人员等纳入平台的组织架构中，推动多元主体的角色转型，包括政府部门由主导建设向秩序保障转型、市场主体由土地经济向空间经济转型、居民群体由简单参与向深度耦合转型等。②构建常态化的国家文化公园公共开放空间营造流程，在组织平台搭建的基础上，应强调时间维度上的动态营造，根据公众休闲游憩需求的转变对国家文化公园的公共开放空间进行调整。③推动国家文化公园公共开放空间的自组织使用，划定部分空间用于公众自发的休闲游憩行为，促进场所氛围的营造和公众民族归属感的产生。

（3）提高国家文化公园公共开放空间的休闲游憩效果

国家文化公园公共开放空间的营造应从空间特性的角度提出系统性的优化方案，整体提高其休闲游憩效果。具体而言：①在国家文化公园公共开放空间系统层面，应推进绿道建设，平衡各片区的需求，串接公园内主要的开放空间节点并设置标识系统，促进各类用地附属空间的统筹利用。②在国家文化公园公共开放空间单元层面，应适当调整空间布局和软硬地比例，营造动静分区，通过丰富的空间、景观材料、植被和循环动线来增强人们的空间体验。③在国家文化公园公共开放空间设施层面，应根据居民不同休闲需求，有针对性地推进设施定制化和特色化，结合墙角空间等零散型空间，见缝插针，设置休闲步道、休憩座椅、体育健身器材等休闲游憩设施。

（四）国家文化公园利用的野外探险模式与路径

近年来户外游憩商业化逐渐成熟，探险旅游发展迅速（Buckley，2006），有关探险旅游的研究逐渐增多。从旅游发展看，国外探险旅游已经从发展阶段跨入成熟阶段，国内探险旅游尚处于初步开发阶段。国外探险旅游活动形式多样化、组织管理专业化、保障体系成熟化，已经迈入了成熟和巩固阶段。户外探险旅游是指以自然环境为场地的，带有探险性质或体验探险性质的体育活动项目群旅游。它于19世纪后半期发展于欧美等经济发达国家，并在20世纪中后期普及。美国户外探险旅游的发展时间长、内容丰富、配套制度完善。户外探险旅游在我国的发展相对滞后，1989年我国的第一个户外探险旅游的民间社团成立。虽然我国户外探险旅游的发展时间较短，但发展速度非常迅猛，近几年成为年轻人追捧的时尚。探险旅游是一个迅速扩展的旅游市场部门，资料显示探险旅游及其相关开支每年为美国经济贡献2200亿美元。探险旅游活动在我国古已有之，其中影响力最大的，当数明代地理学家、旅游家和探险家徐霞客，他进行了地跨我国十余省份的旅游探险活动。但中国探险旅游开始走向普通大众，并形成一定规模，形成一个产业的基础却是近十年的发展结果。从1998年至2004年，探险旅游只在小部分人中盛行，自2004年起参加这项活动的人数呈井喷式增长。

1. 美国户外探险旅游的发展经验

（1）类型多样

美国户外探险旅游的发展时间较长，其类型在发展的过程中逐渐分化。目前美国户外探险旅游主要包括陆地型、冰雪型、水上型、空中型以及复合型5种，每种类型又包括非常细致的运动项目。一些新兴的户外探险旅游项目在近几年不断涌现，其中较有影响的有抱石、户外治疗。

（2）参与程度高

近几年美国户外探险旅游类型不仅逐渐分化，其参与人数也日渐增长。传统上被视为“户外探险旅游”的运动项目包括登山、急水漂流、山洞攀岩、边远地滑雪和潜水。至 2003 年，美国最流行的户外探险旅游项目排在前 10 位的大部分是极限运动。位于前 3 的直排轮滑、滑板、彩弹射击，参与人数依次为 1920 万、1100 万、980 万。这种变化充分说明人们参与户外探险旅游兴趣的转变，青年文化的变化导致参与“极限运动”人数的剧增。

（3）技术先进

美国通过通信、信息、交通、安全等方面的科技进步，大大增加了人们参与户外探险活动的机会。科技进步在丰富户外探险旅游内容的同时，安全保障方面也获得了突飞猛进的进步。

（4）制度规范

随着美国户外探险旅游发展规模的增大，户外探险旅游组织、户外探险者的政治权利日益受到管理方的重视。以极限运动与户外治疗为例，联邦管理者、州办事机构、地方行政机关制定了严格的审核制度。户外治疗项目的运营执照要经过青少年司法局、青年服务局、教育部、家庭服务部等机构审核才可以取得。因此，美国户外探险旅游的管理制度兼顾了国家与社会，较为规范。

2. 我国国家文化公园利用的野外探险模式与路径

（1）提高人们科学参与户外探险旅游的意识

注重培养人们科学参与户外探险旅游的意识。注重在学校普及户外教育，开设系统详尽的户外环境教育课程，这些课程无须与其他教育课程分开，可与一些相关的课程相结合，如身体科学、社会科学等。另外，学校对户外安全知识的普及也可为科学参与户外探险旅游提供保障。总之，我国国家文化公园户外探险旅游要想谋求更长远的发展必须注重培养人们科学参与户外探险旅游的意识。

（2）健全国家文化公园户外探险旅游组织

目前，我国户外探险旅游活动主要由旅行社、俱乐部与个人组织，很多组织者和参与者根本没有参加过专业的技能培训，很难保障户外探险运动的安全性。今后，我国应加强户外探险旅游组织的专业化建设，管理部门应加强对户外探险旅游行业的监管，如对户外探险旅游组织的技术认定、技术培训等。另外，在健全户外探险旅游组织的同时，应加强救援队伍建设，建立户外探险旅游应急救援保障体系。因此，我国应尽快健全全国性及地方性的户外探险旅游专业组织，确保其科学发展。

（3）加强户外探险旅游的技术支持

对户外探险旅游知识的普及、相关的装备准备、突发事故后的紧急处理等是减少事故发生或者说减少事故伤亡的一项基本措施。专业的户外探险装备要包括交通工具、就寝物品、饮食用品、从事该户外探险运动所需器材、医药箱。如果装备配备不足就会增加安全事故的发生率。因此，我国户外探险旅游的发展应注重户外探险安全保障知识的普及，让人们意识到配置专业户外探险旅游设备的重要性，科学地参与到户外探险旅游之中。

（4）完善国家文化公园针对户外探险旅游的管理制度

目前我国针对户外探险旅游的管理制度还没有健全。完善户外探险旅游管理制度，首先应界定清楚该项目的活动性质，由所属部门专门管理。政府应建立户外探险旅游活动的市场准入制度，对户外探险旅游组织的申报、技术人员培训、运动员技术等级等方面进行控制。其次，还应完善相应的法律体系，使户外探险旅游活动有法可依，明确发生安全事故后的救助方、责任方、联系方等，包括旅游者本身的责任，做到防患于未然。最后，应完善相关的人身意外保险，特别是完善户外探险的保险制度。只有这样，才能健全我国户外探险旅游的制度体系，促进其健康发展。

目前，户外探险旅游在我国的发展还处于成长期，基于国家文化公园户外运动的组织者、参与者、管理者能多学习国外该项目的发展经验，借鉴“他山之石”、结合“本土特色”促进户外探险旅游在我国国家文化公园中健康、有序的发展。

（五）国家文化公园利用的文化教育模式与路径

借鉴国内外国家公园文化教育模式的宝贵经验，本节建立了基于游客视角的国家文化公园文化教育体系。该体系构建以基础性文化资源、宣传媒介和学习认知为教育基础，以文化教育课堂、文化育人平台、文化解说系统为实现途径的国家文化公园文化教育体系，体系强调国家文化公园的教育基础与游客的个性感知之间的相互影响、相互作用。该框架可供不同国家文化公园构建、评估文化教育体系参考借鉴。

（1）挖掘文化教育基础性资源，加强教育功能宣传。要充分挖掘国家文化公园文化教育的基础性资源，将已有的文化资源进行主体分类整理，制作公园文化宣传片、文化传承宣传册等宣传品，通过与当地学校、地方政府、环保、志愿者组织、媒体和出版物、文化和旅游局等之间的合作，拓宽文化教育理念的推广渠道，提高文化教育的影响力。每个国家文化公园要摸清本园文化教育的本底资源情况，建立文化教育资源库，利用传统纸媒、数字技术、网络技术，分时间、分主题、分类别开展线上、线下宣传，加强大众对文化教育的了解。

（2）构建完善的宣传媒介系统，引导受众感知文化教育。要加强国家文化公园解说系统建设，在景区内设置内容通俗、分布合理、形式丰富的宣传标识，开展景区宣传标识设计大赛等活动，吸引受众的注意力；在游客中心、各旅游景点、游客集中区域播放动态文化教育视频，向社会征集游客在公园内接受文化教育的视频片段，提高受众的兴趣；在公园内展览馆开展文化体验课堂，展示国家文化公园的文化教育项目，发挥其国家公园的文化教育宣传媒介作用。每个国家文化公园要从解说内容、解说形式、解说人员、解说设施 4 个方面来完善宣传媒介系统建设。设置向导式人员解说和自导式静态解说步道，配备专业解说员、志愿者、专家学者队伍，完善解说牌、展品、印刷物、视频、网站、二维码技术应用等解说设施，构建文化教育的宣传媒介系统。

（3）打造学习认知平台，发挥文化教育功能。认知学习平台是达成教育的渠道，也是关键。美国国家公园被认为是“美国最大的没有围墙的大学”，公园任何地方都包含着有意义的信息（Liu，2010）。要充分考虑三大国家文化公园的受众群体，分人群、分周期进行自然教育项目的设计和推广，初期项目人群定位在大中小学生和青少年群体，后期再推广到成年人群。通过线上网络课程类、现场亲子类、知识类等教育，开展中小学生走进国家文化公园开放日、国家文化公园日、大学生野外实习周，以及一些如“我在修长城”等主题教育项目，让参与者在参与前了解活动、参与中体验活动、参与后分享活动，最终达到文化教育的目的。每个国家文化公园要提升其文化服务功能，根据自身特点打造个性化、有针对性的文化教育认知平台。通过开展青年保护团、少年游侠、主题性解说员等文化教育项目，出版文化公园特色的文化教育类书籍，设置文化教育课堂，建设一支专业化的施教队伍等做法，做到因地制宜、因材施教，进而发挥国家文化公园的整体文化教育功能。

二、国家文化公园保护与旅游利用协调的国际经验借鉴

（一）亚洲：遗产活化，全民参与

日本是亚洲最早建立国立公园的国家，其对文化遗产的保护可追溯到 19 世纪明治初年。

首先，提出了无形文化遗产理念，在 1950 年颁布的《文化财保护法》中，创造性地将文化遗产采用二分法，即分为有形文化财和无形文化财；其次，重视非物质文化遗产的活化，在活化中保护，强调文化遗产保护工程中“人”的因素，制定了规范的登录制度、特殊的传承人保护机制，保护无形文化遗产的社区生活载体，如造乡运动和造街运动，重视当地人的生活、重视当地环境保护的整体性；最后，注重培养全社会对文化遗产保护的共识。

借鉴日本对文化遗产保护的先进经验，在我国国家文化公园的管理中，应重视文化遗产的活化，保护重要的文化传承人；设立园区社区建设专项扶持资金，或建设符合当地特色的旅游项目，着力解决好居民生计问题；同时，也要持续不断地开展教育工作，帮助社区提高对国家文化公园的认知，充分发挥社区参与园区保护与管理的自主性，逐渐培养起全社会对文化遗产保护的共识，催生全民共识化的文化自觉时代的到来。

（二）欧洲：回归大众，保护原真

塞文山脉国家公园（Parc national des Cevennes）是法国国家公园中具有文化代表性的国家公园，这里以地中海农牧文化景观著名，是继承了独特历史和

文化的国家公园。法国针对文化型国家公园中文化遗产的保护进行了“去国家化”改革，提出产权售让（Divestiture）、文化单位自治（Autonomization）、代理人（Agency model）、契约模式（Contracting out）、志愿者模式（Volunteer）、经费的多元化六种模式，文化遗产保护从“以国家为核心”向“以居民为核心”逐渐过渡，追求遗产的保护从“精英”回归“大众”。

在法国国家公园体制改革后，各个类型国家公园的分区管理中，加盟区的引入成为其空间统一管理的亮点：在保障核心资源得到充分保护的前提下，充分尊重民众意愿、充分吸纳社区加盟，以达成完整性、原真性的保护目标。在这种模式下，追求最大限度地实现生态系统的完整保护，并利于实现当地原住民文化的原真性保护。此外，英国和新西兰的“保护和利用并重”、意大利的“文物彩票”等制度也为我国国家文化公园保护与利用机制的协调提供了经验借鉴。

（三）美洲：战略引导，尊重文化

瓜依哈纳斯国家公园（Gwaii Haanas National Park），是当地 Haida 人居住的地方，被列入世界文化遗产，在加拿大国家公园局的统一管理下，运行有效的保护机制。为实现各个类型国家公园的持续发展，加拿大国家公园局制订了详尽的发展战略和周密计划，如国家公园及国家历史遗迹管理计划、建立国家公园数字化信息系统计划等。加拿大国家公园局在园区内有社区乃至城镇的情况下不断加强文化保护，且调动各利益相关方“共抓大保护”。尤其注重对原住民文化的保留传承，对瓜依哈纳斯国家公园中的原住民实行完全自治的管理，规定开发规划时，所有项目必须与原住民探讨，且给予其补助等生活福利。秉承旅游带动保护的理念，公园管理部门坚信，只有让国民进入国家公园，认识到国家公园的美好，才能唤醒国民保护的意识与愿望，达到世代传承的目的。

第三节 国家文化公园的经营机制

一、理论模式和框架

（一）国家文化公园的特许经营制度

国家文化公园是国民纵情山水之间探寻文化伟力的瑰宝胜地，其建设对于保护生态环境、弘扬民族文化具有深远意义。目前我国国家文化公园的发展处于探索初期，关于这方面的实践经验还不成熟，因此可以结合国家公园的特许经营制度展开论述。

国家公园特许经营是指在设立并严守生态保护红线的前提下，政府作为特许人，通过竞争程序依法授予符合条件的经营者在国家公园一般控制区内的商业经营权，以实现生态产品价值的行为。政府和特许经营者之间需要针对经营活动的规模、期限、管理等事项签订合同，并将其作为特许经营者履行权利和义务的依据。

（二）中国国家公园特许经营制度的发展

1. 现状

自 2015 年我国开启国家公园体制试点至今，全国范围内已设有十个国家公园试点区。为加强科学规划、建立长效机制，国家公园管理局采取因地制宜的方式对各试点开展了特色鲜明的特许经营模式探索，包括制定和实施法律法规、管理政策、实践方案三方面。

（1）法律法规

2017 年，我国颁布了《三江源国家公园条例（试行）》（以下简称《条例》），这是国内首部关于国家公园建设的地方性法规，为三江源国家公园的保护和发展提供了法律依据。其中关于经营问题，《条例》规定，对三江源国家公园划分功能区，只有在传统利用区内可以发展适度规模的生态畜牧业，允许牧民在不变更草原承包经营权的前提下，集中草原的分散和闲置区域，流转草原使用权，同时鼓励牧民发展绿色产业，如旅游服务业、民族特色手工业等。

在此经验基础上，我国又相继出台了《武夷山国家公园条例（试行）》和《神农架国家公园保护条例》。前者允许以特许经营的方式在武夷山国家公园内开展竹筏漂流、观光游览车等商业性旅游服务，并要求特许经营者遵守国家公园生态保护的准则，合理规划和利用园内林区、耕地，创新生态产业的经营模式。后者也对神农架国家公园的特许经营事项作出了明确规定，特许经营者可以在游憩展示区内从事公益性项目以外的餐饮、住宿、交通、文化创意产品等业务，不得凭借特许经营权而转让、垄断经营项目。综上所述，我国正在稳步推进国家公园法律体系建设，如钱江源国家公园管理委员会也已开展立法研究，起草了《钱江源国家公园保护办法（草案）》。但从国家公园长远发展的角度来看，我国亟须国家层面的立法与制度，以推动各项建设规范化进行。

（2）管理政策

为保障特许经营顺利实施，各试点陆续制定了关于国家公园特许经营的管理办法。例如，三江源国家公园实行垂直管理，由三江源国家公园管理局作为行政主体，统一行使自然资源资产管理和国土空间用途管制的职权；园区国家公园管理委员会作为有效支撑，主要负责自然资源管理、区域性国土空间用途管制、特许经营、社区参与等事项的具体执行；同时选聘和培训生态管护员，对草原畜牧业发展情况进行监督，协助三江源国家公园构建减畜禁牧、草畜平衡的科学发展格局。又如，神农架国家公园由省人民政府制定特许经营管理政策，经专业机构评估、公开咨询建议后出台实施，管理政策应包含特许经营的费用、范围、期限、监督等细则。但总体上而言，各试点管理办法缺少借鉴经验，政策执行效率不高，管理体制仍需完善。

（3）实践方案

近年来，各国家公园试点结合当地生态环境积极探索特许经营的发展模式，逐渐建立起以旅游服务和生态产品为主的绿色产业结构。以武夷山国家公园为例，园区一方面发展旅游业：利用本土独特的自然景观，开展了九曲溪竹筏漂流、天游峰观光等传统旅游项目，当地居民也借助游客资源经营民宿、乡村旅游等产业。另一方面发展茶产业：武夷山以正山小种这一优质红茶闻名世界，其独特风味源于百年传承的熏培技术。由于松材线虫病的传播蔓延，当地政府禁止松科植物及其制品进入武夷山，并在第一时间同农业科研院、茶农密切配合，研发出松木的替代品，实现了零化肥、零除草剂的绿色培育，茶叶品质也显著提高。武夷山国家公园通过建立"公司 + 基地 + 农户"的特许经营模式，既保证了生态茶园的良好运行，又带动茶农增产增收，大大提高了当地居民的生活水平。经过四年多的优化与完善，武夷山国家公园实现了生态保护与经济发展的双赢，为所在城市的招商引资创造了颇具吸引力的软环境和绿色竞争力。

除此之外，各国家公园试点的发展方式与地方政府的资金需求紧密相关。比如，为获得充足的旅游开发和城市建设资金，迪庆州政府给普达措国家公园的定位是"增加地方财力"和"促进经济发展"的优质国有旅游资产。州政府授权大型国有旅游企业对园内的门票、观光车等项目采取垄断经营模式，并将其作为资本运营平台，提高国有资本的配置和运作效率。近年来，普达措国家公园每年的门票收入达到5000多万元，其中40%归属地方财政；同时，国有旅游企业获得20多亿元融资，并根据州政府的意向和决策用于旅游开发、市政工程、农业转型升级等领域的投资。

2. 存在的问题

（1）国家公园立法层级有待提高

现阶段，我国国家公园试点已陆续开展地方立法工作，但由于缺乏统一的法律体系和标准，一些国家公园在实践中出现了自然资源权属不明确、各部门利益冲突等矛盾。例如，《云南省国家公园管理条例》作为我国唯一一部地方性国家公园的专门立法，也存在如下问题。

第一，合法性值得商榷。国家公园的管理权应由国家授予，以国家为主导决定国家公园的设立，然而这部法律却将国家公园设立的审核权和批准权赋予了云南省人民政府及其有关部门，这在不存在上位法的前提下，属于越权立法。第二，管辖范围小。地方性立法的级别较低，因而该条例的管辖范围仅限于云南省以内，无法规范和约束全国其他国家公园的管理。第三，执行力差。该条例没有制定具体有效的管理准则，也没有体现国家公园的价值理念，在实施过程中难以发挥其应有的效力。因此，我国应尽快提高国家公园的立法层级和普适性，出台一部专门的国家公园法来规范国家公园的建设、保护、管理等事项。

（2）特许经营缺乏规范化管理

第一，我国对于国家公园特许经营的范围、种类、期限缺乏明确统一的规定，特许经营权的授予主体也存在界定不明的问题。第二，很多地方政府不了解国家公园特许经营的目标和意义，这就使他们以满足游客需求为导向，盲目扩大经营规模、增加项目种类，把特许经营收入作为国家公园增收的主要途径，违背了国家公园“生态保护第一”和“全民公益性”的发展理念。第三，一些管理者为引领特许经营制度创新，忽视了对经营项目的审核及其实施过程的监管，往往会造成园区的生态效益以及周边社区利益受损。

（3）特许经营运行机制不健全

我国对于国家公园特许经营项目的运行仍处于探索阶段，如何规范政企开展合作，加强政府的审核、监管力度，提高经营项目运行质量是当前面临的挑战，其中主要问题存在于以下三个方面。第一，特许经营合同签订程序有待完善。政府授予特许经营权以及与受许人签订项目合同应遵循公开、公平、公正原则，这样既可以预防政府官员权力寻租，又能促进企业之间形成良好的竞争机制。结合钱江源国家公园特许经营的调查情况，发现政府审批合同并不符合公开、透明的要求，一些国家公园管理人员对合同条款的具体细节和法律风险不进行审核、评估，这使得后续无法开展有效监督。同时，经营管理中“裙带关系”复杂，商品经营和服务性收费主要由当地村镇居民掌控，缺少专业化的团队运作。第二，缺乏淘汰和奖惩机制。淘汰和奖惩机制是激励和规范经营行为的有效手段，但很多国家公园没有建立健全考核、奖惩制度。在我国国家公园试点启动之前，部分经营者已与旅游景区的物业公司签订了项目合同，一些合同的有效期限超过 20 年，也有经营者二次提价转让经营权。以武夷山国家公园为例，园内星村镇签订的经营合同期限长达 30~40 年，导致经营者竞争意识不强，不能及时提升产品、服务质量。由于缺乏相应激励机制，经营者的积极性受到打击，很多富有地方特色的经营项目难以为继；同时违法成本低、惩罚机制不健全等因素，造成一些经营者私自违反经营合同、制定垄断高价，破坏了特许经营的市场秩序。第三，监管制度落实不到位。国家公园以生态保护优先为原则，兼具游憩、观赏、教育等综合功能。而现阶段，我国国家公园的监督机制尚不完善，缺乏对生产经营行为的有效控制，导致部分经营者为了牟取更多经济收益，擅自挤占生态空间，将公共空间改为游客接待区；恶意抬高商品、服务价格，使园区物价水平超出游客的承受范围，与国家公园的公益性理念相违背。

（4）资金收支管理办法仍需改进

当前，各国家公园试点尚未建立收支两条线的资金管理模式，并且没有统一界定特许经营收入范围，这使得一些试点出现了整体转让公益性项目、把门票收入纳入特许经营收入的现象。同时，我国关于特许经营费的种类、收费标准、支付方式等基本情况没有作出明确的规定，国家公园的预算管理多数处于松散型，致使预算管理的绩效目标和考核监督无法落到实处，增加了地方政府特许经营资金收支的矛盾。随着我国财政体制改革的不断深入，实现中央政府、地方政府、企业之间特许经营收入的合理分配已成为国家公园未来发展的关键。

二、国家文化公园经营机制的国际经验

探讨美国、加拿大、英国等国国家（文化）公园“收支分离、特许经营”的经营方式，以及“偏重本地、规范资质、严格管控”的特许经营管理机制。

（一）美国

1. 国家公园特许经营的管理结构划分完整

美国国家公园的特许经营活动是由决策机构、执行机构、第三方监督机构和经营主体共同参与完成的。

美国国家公园管理局简称为NPS，它隶属于美国内政部，共设有华盛顿管理总部和7个区域办公室，拥有对国家公园经营事务的最高决策权。其在这方面的主要职能是制定国家公园经营管理相关的政策制度，审核并筛选符合资质的特许经营商，对下属地方国家公园管理局的工作事项、纪律作风以及国家公园的经营活动展开监督，具有审批、决策、监管的绝对权威。

地方国家公园管理局是美国国家公园的执行机构。它主要负责落实国家公园特许经营的政策规定，有权对管辖区域内的经营服务实施规范化管理，起到宏观调控国家公园经营市场的行政职能；授予特定企业在一定时期内的经营权，并根据经营者的净利润水平以及合同义务，收取特许经营费；监督和评估国家公园经营项目的实施进程，是与特许经营者对接项目方案、协调业务需求的行政主体。

为发挥公共参与在国家公园特许经营决策中的重要作用，美国成立了特许经营管理委员会，作为监督国家公园特许经营的第三方社会主体。该组织通过汇集有关各方对于特许经营事项的意见和建议，及时地与内政部秘书处进行反馈咨询，以确保特许经营项目合理实施。它主要从以下几个方面展开讨论：①从整体层面而言，商业经营项目是否会影响国家公园的公益性、国家公园管理局是否能使特许经营者获得公平合理的竞争机会、特许经营制度是否能降低政府提供公共产品和服务的成本等。②从具体角度出发，特许经营者能否按照合同和经营计划履行各项义务、国家公园内的经营设施和商业服务是否遵循必要性和合适性原则、特许经营商对生态环境和自然资源的开发利用是否限制在规定范围内、特许经营费是否按比例上缴国家公园管理局并作为商业经营活动的管理支出等。

在美国国家公园中，特许经营者是由地方国家公园管理局授权并从事商业开发活动的经营主体之一。联邦采取公开竞标的方式，对投标人的经营效益、管理模式、技术人才、项目计划等方面进行审核筛选，只有社会信誉良好且符合国家公园保护理念和发展目标的法人或组织，才会有资格成为被特许人。特许经营者应建立完备的账务系统，以登记和保存日记账和总分类账，并按时提交会计年度的财务报告；同时需要履行合同义务，根据投资金额的净利润和合同价值确定应上缴政府的特许经营费。

2. 特许经营服务的竞争性较强

商业经营活动是国家公园为游客提供休闲游憩服务的方式之一，商业开发一方面应注重生态资源的可持续利用，另一方面应结合国家公园的发展理念，旨在商业服务中使游客感受到自然生态之美、获得历史文化熏陶。商业经营模式中的特许经营，作为国家公园引入市场机制的主要途径，受到美国国家公园管理局的高度重视。为保证国家公园特许经营服务的优质性、促进多种经营项目有效配合，美国通过完善国家公园管理的法律法规，增强了特许经营的竞争性。

1965 年美国颁布的《特许经营政策法案》(以下简称为"1965 年法案")为美国国家公园特许经营的发展提供了法律保障。该法案建立起较为完整的特许经营制度体系，明确划分了管理权和经营权，同时对国家公园特许经营的基本要素、申请条件、项目范围等内容作出了详细规定。在 1998 年，美国国会又通过了《国家公园管理局特许经营管理促进法案》(以下简称为"1998 年法案")，为现行的国家公园特许经营管理制度奠定了法律基础。与 1965 年法案相比，这项法案主要从以下几方面作出调整：①与国家公园管理局签订过项目合同，并且已在园内开展经营活动的特许经营者，不再拥有优先签订新合同的权利，而是需要和其他投标人共同参与新项目招标，现阶段只对极少数从事小规模经营的特许经营者保留了该项权利。②大部分特许经营合同的有效期限最长不得超过 10 年，对于一些投资规模大、建设耗费多的经营项目，可视情况延长其合同有效期限至 20 年。③特许经营者根据合同义务和项目资金的净利润水平确定特许经营费，其中向国家公园管理局总部缴纳 20%，剩余部分用于国家公园的管理、建设和维护等。相较于1965年法案规定的应向国家公园管理局总部缴纳全部特许经营费，这项变化从根本上提高了国家公园开展特许经营活动的积极性。④增加了国家公园特许经营的审查机制，对企业经营资格、设施建设标准等方面进行有效评估和监督。

从整体上看，1998年法案显著提高了特许经营商的竞争意识。例如，该法案规定特许经营商不再享受1965年法案制定的优惠政策，同时取消了合同优先签订权。这使得已有经营项目的特许经营商不断加强业务管理，优化服务质量，以稳固自身在国家公园特许经营的市场地位，也为今后重新投标竞争打下坚实的基础。根据多年的实践成效，可以看出特许经营商非常重视与国家公园在商业合作和品牌运营方面的协调性，随着经营管理和投资规模的整体提升，国家公园也实现了生态产品和商业服务的双重价值；同时美国国家公园管理局的特许经营费收入不断增加，通过聘请专业咨询顾问，对国家公园的经营开发进行指导，从而形成了管理者、受许人、特许人之间的良性循环。

3. 特许经营活动的监管制度严格

美国国家公园内的特许经营活动既符合国家公园对生态资源的保护理念，又能为游客提供优质多元的服务项目，这主要得益于特许经营合同对商业开发作出严格限制，以及通过完善的审查机制，监督和规范特许经营者提供商品或服务行为。美国国家公园管理局主要从以下几个方面对特许经营进行严格的监督管理。

（1）特许经营权授予方面

美国国家公园管理局总部设有特许经营管理的专门机构，负责组织招投标工作、审核投标人的经营资质、授予特许经营权等事项。这表明除国家公园管理局总部之外，下设的区域办公室和地方国家公园管理局均无权参与或干涉特许经营权的授予，因而可以有效预防和规避政府官员利用权力寻租的腐败现象，从制度上使特许经营选择方面更加规范。获得特许经营权的受许人应按时向地方国家公园管理局提交年度经营计划书，其内容包括对特许经营的一系列管理细则，如商品和服务质量、经营报价、设施建设、资金管理、自然资源管理、生态开发管理、食品卫生安全管理、投资风险管理等。地方国家公园管理局将全面审核年度经营计划书，同时对特许经营者开展的项目活动进行监督和评估，并提供反馈意见。

（2）生态监管方面

与美国国家公园特许经营相关的政策和法律，对于经营开发可能带来的生态影响作有严格规定。特许经营者所提供的开发项目以及经营活动必须同时遵循必要性和合适性原则，这是判定投标企业是否有资格成为特许经营者，以及是否可以在国家公园内进行建设和经营的基本标准。为控制国家公园的商业开发规模，减少重复投资所造成的无序竞争，美国国家公园管理局进一步完善了监管制度，对特许经营者的准入数量、经营范围以及资源配置实行严格的审查机制。根据经营活动对生态环境的影响，国家公园管理局每年会聘请第三方机构对公园指定区域内的特许经营项目展开检查，包括土地开发利用情况、设施设备的质量安全、自然资源综合管理等方面。通过上述措施，特许经营者得以规范自身的经营行为，树立起绿色可持续的发展理念，把对生态环境的影响程度降至最低。

（3）设施标准方面

美国国家公园管理局以高标准对园内酒店、观光索道、滑雪场等设施进行建设和修缮，在关于国家公园特许经营的管理政策中，对特许经营者是否有资格开展房屋建筑和设施工程、是否可以提供设施维护和升级服务设有明确规定，这些经营设施的建设标准和验收标准也都比一般商业建筑更加严格。

（4）商业运营方面

美国国家公园管理局高度重视对特许经营者所提供商品和服务行为的监管，以督促商户合理定价、优化服务质量、提高食品卫生安全水平，从而切实保护游客的合法权益。管理者对于项目经营过程中的风险、环境保护、卫生规范以及服务管理人员的综合素质等方面，会进行科学、严格的监督评审，其评审结果将作为特许经营者续签合同的重要参考，同时特许经营者需要根据反馈意见及时调整合同条款。总体上看，美国国家公园管理局的监管制度和审查机制能够有效调控商业运营过程，其中合同续约问题所产生的竞争淘汰机制，可以鼓励特许经营者提升业务能力，作出生态与经济协调发展的重要决策。

（二）加拿大

1. 国家公园管理局收支规划的自主权较大

加拿大国家公园管理局的发展可追溯至20世纪初，为加强对森林环境和公园的保护，加拿大自治领政府出台了相关法律文件并建立起世界上第一个国家公园管理机构。经过多年的探索与进步，加拿大国家公园管理局已形成完善的管理模式和政策体系，且具有独立法人资格。相较于美国自上而下的垂直管理系统，加拿大国家公园管理局享有更多的自主决策权。其在国家公园经营机制和财政规划方面的自主权主要体现在以下几点：①国家公园管理局有权通过招投标方式接受新的经营项目，同时与开发商签订项目合同；②对国家公园的门票收入、特许经营费、租赁费等合法收入有完全支配权；③滚动预算制度使公共资金的流动性增强，国家公园管理局可以超前开支。

这种收支分离的经营模式，一方面为加拿大国家公园带来了更为丰富的经营活动，如露营、索道、滑雪等，这些经营设施的租金也成为园内收入的重要组成部分，整体上看国家公园的市场化收入呈现多元态势；另一方面也体现着国家公园“全民公益性”的发展理念，加拿大国家公园每年都会获得政府较为充足的财政资助以弥补收支缺口、修缮基础设施、维护生态环境，因而公园设定的门票价格十分优惠，无须通过增加门票收入来缓解经费压力，这样不仅可以为国民提供游玩休憩的“绿色福利”，还会吸引众多海外游客前来观光旅游。

2. 经营规模的扩大受到严格限制

回顾加拿大国家公园的发展，可以发现园内虽然多处建有高空滑索、玻璃栈道、滑雪场、酒店度假村等设施项目，但它们的经营方向并没有偏离国家公园的最严格保护制度。很多经营设施的建设时间较早，使用过程中需要及时进行翻修、扩建才能满足游客日益增长的旅游需求。为了避免经营者盲目追求营业利润而破坏生态平衡，加拿大国家公园管理局严控相关设施建设的边界，鼓励开发商合理规划并辅以新型技术手段，逐渐转变外延扩大再生产方式——单纯依赖于生产要素增量来实现规模扩大。

作为北美最大的滑雪区之一，加拿大班夫国家公园的路易丝湖滑雪场分别建有适合初级、中级和专业滑雪者的滑道，共计145条，每年都吸引大批游客前来游玩。滑雪场在拓展经营规模的问题上，也面临着国家公园管理局对开发商土地使用权的严格限制，使其无法选择传统的外延扩大再生产方式，双方因此产生过较大的分歧和矛盾。但正是这项管控措施促使经营者打破纵向思维，找到了新的发展方向：除每年的11月—次年5月为滑雪季之外，路易丝湖滑雪场融合其秀丽的风景和棕熊观光，开拓了夏季旅游市场，转变成集休闲、游览、徒步于一体的度假胜地，而这也得益于人为的保护措施和生态系统的自我调节能力。在受到扩建范围的限制后，滑雪场聘请专业人员对现有场地以及附近的自然环境和动植物展开了考察和监测，其结果表明大部分植物群落在受到适度的干扰破坏后重新恢复了草、灌、乔相结合的演替方式，植被种类变得更加丰富，逐渐成为棕熊、鹿等野生动物前来觅食的聚集地。这一景观为滑雪场增添了夏天游玩的新项目，游客可以乘坐空中缆车俯瞰路易丝湖的美景以及探寻野生动物的踪迹。更值得一提的是，经营者通过转变传统扩建方式，不仅使滑雪场的营业利润大幅增长，还产生了主动监测环境、维护生态平衡的自觉性。现阶段，拥有路易丝湖滑雪场特许经营权的企业主要承担起监管、保护、宣传、科普的职责，很大程度上降低了国家公园管理局的人力成本，逐渐形成共同保护、共同建设的良好局面。

3. 经营规划紧扣可持续发展

加拿大一直以来都非常重视对生态环境的内生性保护，其国家公园的发展可以有效平衡短期利益和长期规划。以加拿大申办第21届冬季奥运会为例，起初主办方计划将滑雪项目设置在班夫国家公园内的三大世界级滑雪场进行，想必凭借着公园的美好景致和奥运会赛事热度，定会在今后吸引更多客流量、带动周边地区的经济发展。然而这一提议没有获得当地居民的支持和认同，他们认为修建冬奥会的比赛设施会带来大量工程建设，造成环境超负荷承载，与国家公园的发展理念相违背，从长期来看并不利于经营者实行可持续开发。最终，加拿大奥运会主办方结合多方意见，在距离班夫国家公园不远处的赛普勒斯度假区和惠斯勒奥运公园举办了各项滑雪比赛。这种追求经济持续健康发展的做法，使班夫国家公园内的经营者获得了较为充足的发展空间。在市场自动调节机制的基础上，他们通过提高服务质量、坚持多元经营以及拓宽网络营销等途径，逐渐推动了旅游相关产业的进步，同时与政府、社会团体、居民等各利益关联方的联系也越发密切。

目前，我国的国家公园建设在上述经营规划方面仍有所欠缺。例如，三江源地区为保障牧民的合法权益，以草原承包责任制的方式划分草场的所有权和使用权，使大部分牧民建立起定居和游牧相结合的畜牧业经营方式。这种放牧模式虽然在短期内能增加牧业产量、改善牧民生活，但长此以往会造成草质下降、草量稀疏、家畜传染病增多，严重危害草原生态系统。这里我们可以参考加拿大对于国家公园生态开发的规定：禁止人为开发利用国家公园内的矿产资源、水资源、化石能源以及森林资源，严格把控经营项目的质量，将人为因素对植被、野生动物、公园生态平衡的影响降至最低。《加拿大国家公园管理法》中也明确指出，要把旅游开发置于经济效益和生态效益相互权衡的平衡点，一切经营活动都必须在生态可承载范围内开展。结合加拿大国家公园的发展经验，可为我国国家文化公园的建设提供以下两点启示：①经营规划应从长计议，以实现生态可持续发展为核心目标，不得盲目追求眼前利益；②促进生态保护与资源高效利用相结合，保护不等于禁止开发，而是在明确保护目标的基础上合理规划并适度干预。

4. 经营模式注重社区共同参与

为贯彻“大保护小开发”的发展理念，加拿大国家公园的休闲、游憩项目设计精良且占地较小。以班夫国家公园为例，园区内原始生态的有效保护面积占比高达 97%，而综合开发用地仅限于 3% 以内。虽然范围有限，但整体规划科学合理，经营设施整洁美观，且与周围的景致遥相呼应。近几年班夫国家公园的游客接待量大幅增长，2017 年为庆祝加拿大建国 150 周年，所有国家公园的门票全部免费，使得当年班夫国家公园的游客数量突破至418万人次，但同时也造成园区生态环境、交通设施以及游憩空间都超负荷承载。针对这一问题，国家公园管理部门重新评估且调整了生态保护红线，结合当地建筑风貌和文化习俗，划分出两个居民社区以打造成公园周边的特色旅游小镇。其主要功能是为游客提供餐饮住宿服务，分散景区客流量，同时增加当地居民的就业机会和收入，带动相关文化产业的发展。对于居民来说，同政府、企业一起融入国家公园建设，有利于增强自身对民族文化的认同感，提高生态保护和资源可持续利用的意识，这也为实现国家公园“全民共享、世代传承”的宏伟目标打下了基础。

随着国民对优质生态产品的美好需求日益增长，如何协调好生态保护与经营开发的比重，是当前国家公园规划发展的重要问题。根据加拿大国家公园与周边社区合理共建的实践成效，可以看出，科学发展特色旅游以及现代文化产业能够有效提升环境保护效力。一方面，因为社区居民在满足自身物质收入的同时，也提高了对生态保护范围、对象、途径的认知程度，要避免出现盲目追求经济利益而带来的过度开发现象；另一方面，加拿大人口密度相对较低，更易于分散客流量，及时调控旅游生态容量。

（三）英国

1. 注重绿色商业发展

英国国家公园对旅游业的态度是“有效和适当的使用”，它的发展与游憩开发密切相关。在早期，由于国家公园距离城市中心较远，交通设施的局限性使游客数量受到影响；随着交通基础设施的完善以及汽车业的发展，人们出行的便捷程度大幅提升，国家公园的客流量出现了良好的增长趋势，这对国家公园的共享与传承发挥了积极作用。然而为满足游客多样化的需求，园区内的游憩活动日益增多，其经济利益与生态保护之间的矛盾也逐渐显露出来——对自然资源的过度依赖和消耗会加剧生态环境的退化。因此，在利用游憩活动带动周边社区经济发展的同时，英国国家公园要协调好商业建设与环境保护的关系，做到二者的和谐统一。

（1）制定绿色游憩商业指南

布罗兹湿地国家公园位于英格兰东部，是欧洲最重要的湿地保护区之一。园内自然风景优美，拥有丰富的珍稀动植物资源，每年吸引约 800 万游客前来观光游玩，然而其生态系统却十分脆弱，容易受到游憩活动的负面影响。为尽可能降低影响程度，公园管理局制定了绿色游憩商业指南，其中指出开发商应在保护环境绿色发展的基础上，开展适度的商业活动。这项指南以“绿化我们的布罗兹”为主题，涵盖了住宿、餐饮、游览等多个方面，明确规定各个企业、单位的经营活动要符合国家公园的发展理念。在水源保护上，杜绝浪费，禁止随意排放污水，对雨水进行科学管理；在垃圾治理上，按照相关规定进行合理分类，有效处置有毒、有害垃圾；在交通运输上，整体规划景区线路，发展公共交通。总体而言，该指南为布罗兹湿地国家公园提供了绿色发展的基本框架，有利于实现生态资源可持续利用的目标，并且增强了国家公园与社区、企业的联系。

（2）游憩服务设施完善

英国国家公园内建有功能多样化的游憩服务中心，可为游客提供交通、餐饮、休息、购物、咨询等服务，这些设施空间具有较高的可达性，通常连接赛马场、休闲单车、攀岩、皮划艇漂流等户外游乐场所的终点或起点，便于游客休息调整状态以及规划旅游线路。游憩服务中心的设立对于满足游客需求、分散园区旅游客流有着重要影响，英国国家公园也在持续建设和升级服务设施，优化整体服务质量。达特穆尔国家公园的游客高密度游憩活动区内集中建有服务中心，且在园区中央由主干道连接均匀分布着 4 个站点，保证了空间布局的合理性，使得游客在国家公园的各个区域内基本可以享受到优质服务，从而提高服务设施的利用效率。同时，为规范旅游秩序，引导游客文明出行，服务中心还提供实时客流量查询、自行车租赁、注意事项咨询等业务，实现了开展游憩活动和保护生态环境的统一。

2. 引导原住民参与经营发展

不同于北美国家公园辽阔的荒野区，英国国家公园以乡村性和半乡村性为主要特征，园区内人口密度大，形成了较为稠密的乡村聚落分布。1951 年英国首批国家公园项目启动建设，保留了内部居民以农业为主的生产方式，以及日常休憩、劳作的乡村景观。这使得英国国家公园发展至今，构建了独具代表性的国家公园体系——有居民居住，国家公园具有多种功能且景观资源多为私有化，当地居民、国家公园管理机构和国家信托基金会（National Trust）等主体都可能拥有国家公园不动产的所有权。比如，新森林作为英国人口密度最大的国家公园，迄今仍有 1 万多居民生活在园内，为满足自身生产和生活的需要，人们对国家公园的生产性要求较高，其管理政策中也体现了“维持人类有益干扰”和“保护派”的思想。因此，国家公园管理局应结合当地政府的发展理念，在保证严格审核、监督的基础上，依托独特的自然环境优势适度进行商业开发，这样一方面可以提高园区居民的收入水平，改善生活条件，另一方面也有利于实现经济与生态的和谐发展，转变原住民以“掠夺式开发”谋求生计的方式。例如，诺森布兰德国家公园的目标规划是保护独特的自然景观、为公众提供观光游憩的场所、带动社区居民经济发展。公园管理局通过引导园内的农业生产者种植稀有草种，不仅保护了现有地貌和环境资源，还能向欧盟申请环境保护补贴，直接派发给农民。这种科学的开发模式，使原住民在参与生态旅游建设的过程中，不断提高资源可持续利用的意识，进而有效协调了生态保护与经济利益的矛盾。

三、中国国家文化公园特许经营的发展对策

（一）健全国家公园特许经营法律体系

借鉴外国国家公园法制建设的经验，尽快出台符合中国国情的《国家公园法》，完善国家公园法律体系，让国家公园的建设和发展有法可依；立足国家层面制定专门的特许经营管理办法，规范特性经营行为，政府机构与立法机构要协调配合，积极推动特许经营制度体系建设，使国家公园管理和特许经营法制有效结合。法案的具体内容应包括以下两个方面。一是行政方面，首先从立法层面明确特许经营的准入标准、管辖权、范围、特许经营费等方面，形成规

范的招投标机制和合同机制，并健全监督问责体系，严格规范行政执法。可以参照美国的管理办法，严格把控特许经营权的授予，监督受许人的资质审查过程，对特许经营合同的执行情况进行考核评估。二是民事方面，建立政府和企业公开透明的合作关系，双方需规范权利行使，并根据特许经营合同自觉履行义务。政府要限制和约束自身职能，避免特殊原因干扰预期合同关系，认清违约后果和应承担的违约责任，坚决杜绝滥用公权力。

（二）完善特许经营管理制度

国家公园的发展离不开规范的特许经营管理制度。我国可以从以下三个方面建立高效合理的特许经营管理体制：第一，明确国家公园特许经营的内涵、意义、范围以及相关的授权主体，严格划定经营性项目和公益性项目的界限。一般可开设的项目包括公共基础设施建设、交通运输、商业经营、安保服务等，其中经营性项目应实行管理权和经营权分离，鼓励企业参与国家公园特许经营。对于涉及基础设施改造扩建的非经营类项目，政府要加强监管，实行审批制。第二，采取分级分类的方式进行管理。可以参考国外先进的特许经营管理办法，政府实行规划集中管理，将特许经营项目合理分类，根据租赁、特许经营、活动许可三种不同类型分别制订管理计划，开展科学规范的经营活动。第三，避免项目同质化。国家公园特许经营虽需适用统一的法律规定，但各项经营方案却不能千篇一律。我们要根据当地特色，因地制宜地发展特许经营项目，如武夷山国家公园以茶产业作为其经济收入的一部分，这就使国家公园的整体开发和特色产业融合在一起。第四，发挥制度的激励作用。规范化管理园区内的特许经营项目，设置必要的奖惩激励制度，对于违规的经营行为应给予相应处罚，同时大力支持和鼓励优质项目，形成特许经营良好的竞争秩序。

（三）规范特许经营运行机制

为实现国家公园特许经营的规范化运作，政府和企业要各司其职，使管理权和经营权相互分离，政府应承担起政策规划、经营活动监管的职责，企业主要负责项目开发、服务落实等具体工作，切实发挥特许经营制度的优势作用。第一，确保招标环节公开透明。要建立专门的招标服务平台，实时发布招标信息，先由系统判定是否具备特许经营的资质，再聘请专门机构进行全方位的评估审核，确保中标企业可以符合国家公园特许经营的各项要求，做到生态保护和经济发展的统一，优化国家公园的服务质量。第二，保障合同签订合法有效。特许经营项目合同的签订必须以法律为准绳，遵循公开透明的原则，对签订流程、内容、执行情况进行有效监督。第三，建立完善的监督体系。要严格审查特许经营活动是否存在破坏环境、欺骗消费者等违法违规行为，在特许经营活动的主要环节实施第三方监管，并畅通群众投诉渠道，积极接受社会公众的监督。第四，强化特许经营的责任落实。在对开发商授予特许经营权时，应主动告知其需承担的环保责任，整体评估经营项目的环境影响程度，并签订环境保护的有关协议。

（四）建立特许经营资金监管的长效机制

第一，制定国家公园特许经营费的收支管理办法，采用收支两条线的管理模式，分别计算特许经营相关收入和支出指标，资金收支流程应满足有章可循、责任明晰、管理高效的基本要求。第二，落实资金收支管理制度的主体责任，明确特许经营收入上缴财政的比例，并将其纳入一般公共预算专项资金，由中央统筹分配，提高预算资金下达执行的效率，有效投入国家公园的运营管理以及公共基础设施建设、非经营性项目等方面。第三，科学划分特许经营的收入范围，门票收入不可算入其中，切实保证国家公园的全民公益性。协调经营者的利润分配和国家公园的管理成本，确定公平合理的特许经营费率。第四，强化评审监督机制，按年度聘任专家对国家公园特许经营项目的实施情况、资金支出绩效进行考核评估，并予以公示评审结果，提出具体指导意见，从而确保特许经营资金使用的安全性，明晰资金管理的职权。

第四节　国家文化公园的可持续利用机制

国家文化公园可持续发展运行机制必须以能够促进旅游资源的有效配置，旅游经济、生态和资源的可持续发展为目标。可持续利用模式是在尊崇国家文化公园基本属性的前提下，合理并有限度地挖掘其能为公民提供游憩服务的价值，它的目标是一个多层次、多元化的体系，核心是实现满足旅游者需求和满足旅游区当地居民需求的统一，保证当代人在从事旅游活动时不损害后代人的利益，确保后代人的旅游需求也能得到满足。以此为目标，对国家文化公园可持续发展的利用机制进行创新设计，依据旅游发展系统内相关机制理论，从而达到实现国家文化公园的可持续发展目标。

一、可持续利用理论模式和框架

（一）国家文化公园可持续利用的社区参与机制

社区，作为遗产地的关键利益主体，在整个遗产地的旅游发展过程中都扮演着非常重要的角色。之所以在旅游发展中引入社区参与的理念，是因为社区居民塑造了当地的生活空间，生活空间作为一种文化资源影响着旅游的发展。而在旅游发展的过程中，社区居民承受了发展旅游所带来的负面影响，在正面的利益分配上却得不到足够的重视。因此，旅游业的可持续发展提倡社区参与。国家文化公园的特殊属性决定了其“全民发展、全民共享”的特征，社区参与对遗产资源保护和开发关系的协调起着至关重要的作用，而社区参与机制是协调国家文化公园遗产保护和可持续发展的有效手段。

社区（community）在文化遗产地保护与利用过程中的地位与作用直至1987年的《华盛顿宪章》才被真正得到承认与重视。1997年，世界旅游组织与其他国际组织联合制定并颁发了《关于旅游业的21世纪议程》（以下简称

《议程》)。在《议程》中，积极倡导将社区居民作为旅游业发展过程中不可缺少的一项重要环节和内容，并把其作为旅游业可持续发展中的重点关怀对象。社区在文化遗产保护与利用活动中扮演着越来越重要的角色。

就社区参与概念及内容而言，参与是指人们在决策过程中自愿地、民主地介入，且人们分享发展所带来的各种利益（Poppe，1992）；要实现旅游的经济、社会、文化和环境四大功能，就必须考虑到目的地居民的切身利益，而社区居民参与旅游发展主要体现在“参与旅游发展决策”“参与旅游发展而带来的利益的分配”“参与有关旅游知识的教育培训”三个方面（刘纬华，2000）；在通过社区成员的积极广泛参与，实现可持续、有效益、成果共享的发展，社区可划分为核心、邻近和外围区（见图 4-7，孙九霞、保继刚，2006）。总体来说，社区参与旅游是指在旅游决策、开发、规划、管理、监督等旅游发展过程中充分关注社区的意见和需要，并将其作为开发主体和参与主体，以保证旅游可持续发展和社区发展。也就是说，社区有权利参加旅游发展规划的决策制定，旅游业的发展和管理也必须与当地居民的利益相结合。社区参与的具体做法如表 4-2 所示。

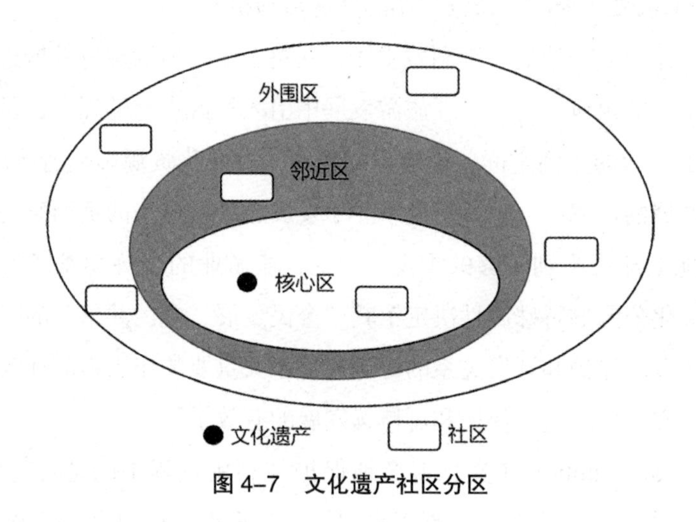

图 4-7　文化遗产社区分区

表 4–2　社区参与的做法与描述

做法	描述
识别典范做法	建立体系以识别基于社区的生物多样性保护和降低贫困的典范做法
召集社区领导者	在召开分享保护经验、制定保护政策的会议时，邀请社区的自然保护论者参与
促进知识交流	就保护生物多样性和降低贫困召开会议，推动典范做法的交流
建立联系	通过参与制定政策的会议，在社区领导者和政策制定者之间建立持久的关系
促进调查	确定有利于基于社区的生物多样性保护和降低贫困取得成功的政策环境
维系长久的合作关系	社区领导者和政策制定者共同实施既得的技术方法

（二）国家文化公园可持续利用的游客管理机制

国家文化公园展示着中华文化的魅力，它的历史文化资源应该被中国人民乃至世界人民所共享，其“人民性”决定了不仅需要保护，还需要为民众提供更多的认识、感知和体验的机会。在不破坏旅游地资源的必要前提下，游客管理是满足游客需求和提供精确的游客体验，同时实现旅游地经济、社会和环境三大系统的可持续发展的重要手段。

国外景区游客管理的理论研究起步于 20 世纪 60 年代的“游憩承载力”（Recreation carrying capacity，RCC）研究，其背景为国家公园游客量剧增而导致的环境压力。相继提出可接受的改变极限（Limits of acceptable change，LAC）、游憩机会谱系（Recreation opportunity spectrum，ROS）、游客活动管理程序（Visitor activity management process，VAMP）、旅游管理最佳模型（Tourism optimization management model，TOMM）和游客体验与资源保护（Visitor experience & resource protection，VERP）等管理框架体系模型，完成了由过去的“以管理人员为中心”向“以游客为中心”的整个管理重心的转移，开始关注游客的多样性需求和体验。国内游客管理的研究起步较晚，涉足较早的研究内容是旅游容量及游客影响，始于 20 世纪 90 年代末；随后部分学者开始将国外的 LAC、VIM、VERP 等游客管理框架引入我国，游客管理的方法和手段成为研究的重点。

游客管理是指旅游管理部门或机构通过运用科技、教育、经济、行政、法律等各种手段组织和管理游客的行为过程。游客管理的任务和核心就是平衡好国家文化公园的休闲游憩功能并保持生态完整性。其主要作用就是从管理调控的角度出发，提高游客体验质量，实现旅游资源的永续利用和旅游目的地经济效益的最大化。

（三）国家文化公园可持续利用的资源补偿机制

国家文化公园作为一种特殊的文化空间，是实现文化资源的保护传承和价值创造的重要载体，在国家文化公园的开发建设中势必会对生态环境和文化空间造成一定的破坏，建设资源补偿机制具有重要的示范意义。构建资源补偿机制是促进自然和文化资源经济合理分配的需要，也是激发居民保护生态环境和传承民族文化热情的需要，更是实现国家文化公园可持续发展的重要方式。

20 世纪 50 年代以来，鉴于在经济发展中存在着大量的资源耗竭和生态破坏问题，一些国家和地区尝试采用经济手段予以解决。在责任问题上，各国基本达成一个共识，即“损害环境者付费原则”。1972 年，经济合作与发展组织环境委员会于提出了“污染者付费原则”，很快得到国际社会的认可，并被一些国家确定为环境法中的一项基本原则。1992 年，联合国《里约热内卢环境与发展宣言》阐述了利用经济手段调整经济社会发展与生态保护关系的观点，生态补偿开始被更多国家认识。中国最早的生态补偿实践开始于 1983 年，云南省对磷矿开采征收覆土植被及其他自然环境破坏恢复费用，此外，专家学者关于生态补偿基本原则论述也不断涌现，在学界研究不断深入的背景下，我国政府对建立生态补偿机制问题给予了高度重视。2006 年颁布的《中华人民共和国国民经济和社会发展第十一个五年规划纲要》要求按照谁开发谁保护、谁受益谁补偿的原则，建立生态补偿机制。2007 年，原国家环保总局印发了《关于开展生态补偿试点工作的指导意见》，提出生态补偿的基本原则是“谁开发谁保护，谁破坏谁恢复，谁受益谁补偿，谁污染谁付费”。由此可知，随着我国生态补偿理论研究的不断深化，“谁保护，谁受益，获补偿”的生态补偿基本原则已基本形成。

传统生态补偿一般常见于生态系统的保护与开发过程中，结合国家文化公园自身特点，可采用生态补偿与文化补偿并行的资源补偿机制，是以保护自然和文化资源并促进其可持续利用为目的，以经济手段为主调节相关者利益关系的制度安排，是外部成本内部化原则下具有经济激励特征的一种制度。其内涵有二：一是以维护生态系统和文化系统持续提供服务能力为目的的补偿，是对资源本身的补偿；二是对人类行为的补偿，包括对生态环境和文化资源保护建设行为的补偿，也包括对维护文化生态系统放弃的机会成本的补偿。实施旅游资源经济补偿对加强旅游资源保护、增强旅游资源的持续发展能力，实现旅游资源经营的可持续性具有重要的现实意义。

（四）国家文化公园可持续利用的科技应用机制

随着经济和社会发展，旅游发展所带来的资源破坏和环境污染等不可持续发展难题，可以依靠技术进步来克服或者缓解，技术进步可以一定程度上替代或者减少对旅游资源的消耗，有利于对资源和环境的保护，可以为推动旅游业的持续发展提供保障。国家文化公园实现可持续利用还有赖于科技应用机制的保障。

一般而言，出于对生态环境保护和提高游客体验质量的目的，加强景区的科技应用，注重使用可以有效保护旅游资源和提升旅游经营管理水平的信息技术、环保技术等。这些科技的投入不仅推动了景区管理和产品的不断创新与升级，还可以减少旅游活动对旅游资源和生态环境的污染和破坏，有利于旅游资源的保护和旅游业的可持续发展。

数字科技在可持续旅游的应用可以概括为以下几个方面。

（1）环境监测技术。根据旅游区的生态环境状况，建立生态量化指标，综合利用信息技术如“3S”技术（地理信息系统 GIS、遥感 RS 和全球定位系统 GPS）、物联网技术打造一个全方位的监控网络，对旅游区环境进行实时监测和景区中的客流量实时掌握，并根据实际情况来调整游客的旅游线路，提高游客的体验质量，缓解景区中的游客压力，实现对景区中环境容量的整体调控，以利于旅游业的可持续发展。

（2）环保技术。环保技术是指以防止环境污染、改善生态环境、保护自然资源为目的而开发使用的技术。环保技术对于保护旅游资源、维护生态环境尤为重要。如在景区内使用液化石油气为燃料的绿色观光车，生产和销售在环境中可自然降解的食品包装和容器，对固体废弃物作无害化处理，装置自动检测仪器监控景区（点）的大气、噪 声、水体的质量，等等。

（3）数字技术。旅游资源数字化保护是一种新的方法和途径。由于旅游文化遗产逐渐遭受到不同程度的破坏，借助现代科学技术实现对旅游资源的保护势在必行。采用数字摄影、三维信息获取、虚拟现实、多媒体与网络等信息技术把与文化遗产相关的文字、图像、声音、视频及三维数据信息数字化，既可以尽科技之所能，达文化传承与创新之所功，增强游客体验，丰富文化内涵，也可永久性地保存文化遗产，实现文化资源的可持续发展。

加强高科技在国家文化公园的应用不仅可以极大地丰富旅游的内涵，还可以为旅游业的可持续发展提供科技保障，适应了世界经济一体化背景下旅游业发展的国际化要求。

二、国家文化公园可持续利用机制的国际经验

国家文化公园是国内首创的概念，但国家公园的概念源起于美国，澳大利亚是世界自然保护的先行者和积极推动者，新西兰在可持续旅游上健康持久地发展等。这些国家在遗产的保护和可持续利用方面有较为完备的机制体系，能为我国的国家文化公园的监督机制、信息共享机制、游客管理机制和社区参与机制等内容提供一定程度上的经验借鉴。

（一）美国：科学系统的游客管理机制

美国是世界上最早设立国家公园的国家，自 1872 年建立了第一座黄石国家公园起，共建有自然生态系统保护、生态旅游资源保护和文化历史遗址保护三大类保护地体系，在国家公园建设与管理实践中所积累的成功经验已成为世界各国学习和借鉴的典范，其成熟完备的可持续利用机制是美国国家公园得以

持续发展到今天的关键保障。

在游客管理方面，美国除了推进各项管理政策以外，还特别关注游客承载力。在游客体验指标的探索中，ROS、LAC、VERP 这 3 个游客管理模型，广泛应用于美国的国家公园和保护区的规划和管理之中，在人类娱乐和预防生态系统破坏之间取得了较好的平衡。ROS——游憩机会序列，其基本意图是确定不同游憩环境类型，每一种环境类型能够提供不同的游憩机会。LAC 是建立在 ROS 系统所制定的游憩机会序列之上的，将影响游客体验的因素进行细化，针对不同的体验目标，为环境的改变设立不同的量化指标。20 世纪 90 年代，国家公园管理局开发并引入游客体验和资源保护（VERP）来考虑其承载能力问题，VERP 是 ROS、LAC 这两个模型的改良深化，在各相关利益方的价值判断取得妥协的情况下，构建了一套具体的行动方案，通过监测关键指标控制在特定的许可范围内，实现对资源有效而无害的永续利用；VERP 指标分为两大类：资源指标和社会指标。前者用来衡量游憩活动对国家公园资源的影响，如环境污染、植被破坏等；后者衡量游憩活动对游客体验的影响，如交通拥挤、文化冲突等。基于这三个模型，美国国家公园从国家公园的环境和社会两大维度中找出影响游客体验的因素，并将抽象的概念指标化，通过对指标标准的监测来控制影响资源保护和游客体验质量的承载力，以实现公园的可持续发展。

美国的可持续发展机制强调游客管理的重要性，采用游客管理模型平衡好国家公园的休闲游憩功能并保持生态完整性，从美国国家公园对管理模型的研究可以发现，除了关注一般的环境指标外，还特别重视提高游客体验的管理性指标，我国的国家文化公园以我国优秀的民族文化为依托建设，既要重视文化的保护传承，又要满足大众的文化需求，需要强调大众的体验过程，可借鉴此类游客管理模型进行可持续性管理。

（二）澳大利亚：成熟完善的志愿服务体系

继 1872 年美国黄石国家公园成立之后，澳大利亚于 1879 年成立了世界上第二个国家公园——皇家国家公园。因受自然环境保护思潮的影响，澳大利亚建立国家公园的目的和宗旨是保护自然，注重维持生物的多样性，防止资源紧张、环境破坏威胁自然和人类的持续发展。澳大利亚是世界自然保护的先行者和积极推动者，除了制定、实施国家生态旅游战略和自然与生态旅游认定计划，重视旅游区建设与经营过程中的生态环境保护，注重保护旅游地居民的利益以外，还特别重视发挥非政府、非营利性组织的作用，这都是澳大利亚可持续旅游发展的成功举措，在可持续旅游利用方面，积累了丰富的管理经验。

澳大利亚特别注重发挥非政府、非营利组织的作用，建立生态旅游协会和环保志愿者组织，为社会参与搭建了有效平台，鼓励参与社区环保活动和保护区建设。1991 年就成立了澳大利亚生态旅游协会（EA），目前区域性的生态旅游协会遍布全国各地。该协会被誉为生态旅游行业的最高代表机构，目的是“帮助生态旅游企业做到环境上可持续、经济上稳定、社会文化负责任”。“环境影响最小化”是澳大利亚生态旅游协会遵循的基本原则，具体体现在基础设施影响最小化和行为影响最小化两个方面，基于自然、教育、可持续和社区是生态旅游协会秉持的四个核心标准。此外，绿色环保组织在澳大利亚也非常活跃，最大的社区环保组织是“清洁澳大利亚（Clean Up Australia）”，它的口号是“清洁澳大利亚需要你”。通过发挥协会和组织的作用宣传可持续生态旅游，使环保理念得以充分渗透，实现自然和文化资源的科学管理。

澳大利亚通过发挥协会和组织的作用发展可持续生态旅游，既宣传了可持续发展理念，提高了公民的环保意识，又实现了自然和文化资源的科学管理，保护了澳大利亚的自然和文化资源。我国的国家文化公园可借鉴此种模式，为公众参与提供组织和平台，促进社会和生态的可持续健康发展。

（三）新西兰：广泛全面的社区参与机制

新西兰国家公园管理是基于其国家层面、保护性绿色管理基础之上的。在这样一个以生态保护为核心的经营理念的指导下，经过多年的发展，新西兰国家公园保护工作已经逐渐成熟，形成了以自然生态保护为核心、以政府绿色管理为主导、公众积极参与的“垂直与公众参与管理模式”的可持续发展机制，其可持续发展模式值得我国借鉴。

新西兰生态系统较为脆弱、公众保护意识较强，形成了“双列统一管理体系”，如亚伯塔斯曼国家公园的管理除了由隶属于政府部门的保护部垂直管理以外，还由一些国家层级的保护组织与地方性质的保护组织进行管理，其中有大部分的社区保护积极分子参与其中，即社区参与管理。这两大部分都统领于新西兰议会之下，形成了垂直的管理与公众参与管理模式。同时，新西兰在法律层面明确社区参与的地位，有效地保障了各项决策都经过社区参与的过程。例如，1952 年出台《国家公园法》，1987 年颁布《自然保护区体系法》，1989 年出台《新西兰自然保护区体系法改革法案》，1996 年颁布《保护法》，2005 年推出《国家公园总体法规》等，完善的法律法规对国家公园的社区参与提出了更为明确和更具操作性的法律要求。新西兰国家公园制订公园建设方案由“国家公园和保护区指导中心”提出，并召集由一般公众、区域理事会、公民社团参加的协商会议，修正经营管理公园的方针政策。此外，社区居民还可自觉参与保护区的日常维护，对保护区管理层和游客进行监督，从而进行间接管理。

国家文化公园是推动我国文化传承的基础工程，在扩大国家公共服务的文化供给的同时，也要保护文化生产空间，注重文化传承的生命力。新西兰的可持续管理机制得到了健康持久的发展，社区参与式管理较好地实现了对政府行为的监督，也有利于全民保护意识的提高。我国国家文化公园的建设应该借鉴新西兰的发展经验，应加强顶层设计，注重社区参与和社区利益分配，为社区民众的知情权、参与权和监督权提供制度性的保障，全面助力可持续发展。

（四）日本：多样化的资源补偿机制

日本是亚洲地区最早实施森林生态补偿制度的国家，始于 1966 年。国家文化公园在建设阶段需要依托资源补偿机制来兼顾代际公平和代内公平，实现可持续发展目标。日本始终将森林系统生态保护放在首位，通过补偿制度的建立来推进生态环境的可持续发展，这对中国的国家文化公园资源补偿机制的完善有一定的启示与借鉴意义。

日本的森林生态补偿法律体系极其发达，如 1966 年的《林业基本法》和

1970年《森林法》等。这两大综合性法律明确了森林生态保护的价值与意义，提出了建立森林生态补偿制度。日本森林生态补偿制度包括林业补助金、林业专用优惠贷款及税收优惠3个方面，是一种政府补贴与市场运作并行的综合模式。其中，林业补助金是主体制度，部分林业补偿等费用由中央政府与地方政府分担。林业专用优惠贷款是生态补偿的一种辅助措施，农民可以从政策性银行中获取长期的无息贷款。税收优惠是对农民补偿后从事其他产业而实施的免税、减税政策。

以可持续发展目标为出发点，国家文化公园结合自身特点，健全文化和生态并行的资源补偿机制，既是保障自然生境的工程措施，也是运用法律、税收和政策等手段，通过对因生态环境和文化空间被破坏而牺牲的地区进行的各种补偿扶持。

（五）加拿大：创新高效的科技应用机制

国家文化公园的可持续发展还需要科学技术的进步和创新作为重要支撑。加拿大在旅游资源的保护和旅游发展的治理中依靠科技进步和科技创新，强调新技术的开发和利用，对我国的科技利用具有一定的借鉴意义。

为了更有效地推动旅游可持续发展，加拿大政府在旅游业中广泛推广循环经济，并重点从三个方面着手：一是在旅游业中尽量减少废弃物的产生；二是教育旅游企业和旅游者尽可能减少垃圾排放；三是增强相关资源的循环利用率。例如，加拿大将旅游景区产生的垃圾通过焚烧产生热能，输送给附近的工业园区，使得垃圾得到了充分利用，最大限度地减少了能源和自然资源的消耗；在旅游建设项目中广泛使用建筑新材料技术、新能源技术、安全技术、外墙处理技术、通风技术、废水回收利用技术等，同时加强太阳能等清洁能源的使用，取得了良好的成效。

加拿大重视旅游可持续发展科技创新，增加对新技术的研究和开发投入，使科技成为促进旅游可持续发展的重要驱动力。在我国国家文化公园的建设阶段，需要加强新技术新能源的应用，为旅游业的可持续发展助力。

三、中国国家文化公园可持续利用的发展对策

（一）制定完善的法律法规体系

纵观国外国家公园建设可知，法律是国家公园可持续发展的基石。除加快生态保护相关法律法规的制定以实现生态可持续的目标外，还需要完善法律体系的建设以实现国家文化公园的社会可持续发展。例如，1966 年美国《信息自由法》规定了民众在获得行政情报方面的权利和行政机关公开行政情报方面的义务，实质性保障了公众对政府信息获取的权利；公民可以根据《信息自由法》向任何独立制定规章的联邦政府机构提出查阅、索取复制件的申请。新西兰在法律层面明确了公众参与的地位，有效地保障了各项决策都经过公众参与的过程。因此，在我国国家文化公园建设阶段，应首先制定国家层面法律，并在此基础上完善国家文化公园法律体系，加强顶层设计，从法律上保障信息公开和公众参与，并让公众对国家文化公园管理机构执行政策的整个过程进行监督，保障大众的知情权和监督权，为可持续发展保驾护航。

（二）搭建多层次的公众参与平台

国家文化公园作为公共产品需要政府负责管理，而多层次的公众参与机制可以带动国家文化公园的可持续发展，探索专家、社区和民间团体等多方参与管理机制，同时鼓励公众以志愿服务等形式参与国家文化公园管理与运营，这是我国可借鉴的公众参与路径。政府需与公众共享国家公园相关信息，让公众共同参与到公园的规划与编制、环境的评估与保护等决策中。与此同时，还需要广泛搭建公众参与平台。例如，日本开展“绿色工程项目”“国家公园向导”“国家公园志愿者”“公园副管理员”等专门项目，吸收公众参与国家公园管理；澳大利亚建立环保志愿者组织，为社会参与搭建了有效平台，鼓励参与社区环保活动和保护区建设。这些举措都有助于将公众参与机制落到实处，充分保障公众的参与权，实现国家文化公园的可持续发展。

（三）建立科学的游客管理模型

游客管理是旅游景区管理活动中的重要组成部分。在不同目标指引下，世

界各国国家公园相关管理机构开发了不同的管理工具，包括可接受的改变极限（LAC）、游客影响管理（VIM）、最优化旅游管理模型（TOMM）等，这些管理工具不仅仅是游客管理的工具，同时也是资源与环境管理的重要框架。例如，20 世纪 80 年代，新西兰实施“游憩机会频谱”分区政策（ROS），将辖地“游憩机会分布”评估信息列入所有地区保护管理战略，以应对不断增加的游客人数；澳大利亚西部的占安达森林国家公园的生态资源保持良好，但是公园周边社区关系复杂，经过比较分析，管理者选用旅游管理最佳模型（TOMM），关注周边利益，力求达到游客体验多样性和资源保护完整性的平衡。因此，要实现我国国家文化公园的可持续发展，需要根据不同发展阶段引入恰当的游客管理模型，对景区内游客的接纳量、旅游过程感受、人身财产安全等方面进行科学管理；实施科学的游客管理模型，以实现旅游业兼具改善游客体验和保护自然空间的双重目标，助力国家文化公园的可持续发展。

（四）健全完备的资源补偿方案

资源补偿机制是国家文化公园实现可持续发展的又一大重要举措。从国际经验可以看出，在补偿制度上，要积极推进资源补偿的立法进程，逐渐细化内容，确定补偿内容的法定化；在补偿形式上，应推行多样化的补偿体系，如日本除了资金支付外，还包括信贷优惠、税收优惠等内容。此外，还应该建立以政府补偿为主，政府补偿与市场化机制相结合的补偿机制体系，积极引入社会资本、国际资本投入资源补偿体系中，如美国允许通过森林碳汇交易、森林旅游、森林狩猎等形式为森林生态补偿提供服务。因此从这个意义上看，我国不但要推进资源补偿法律制度建设，而且要积极细化其内容，在具体内容规范上要学习发达国家的经验，推行多样化的补偿体系，提升中国资源补偿的市场化程度，使其为旅游业的可持续发展提供保障。

（五）建设高效的科技应用体系

在旅游可持续发展的过程中，不能仅仅依靠行政管理和制度设计，科技创新也能够在旅游业的节能减排、生态保护、废物减排、循环经济等方面发挥至关重要的作用。《中国环境保护 21 世纪议程》指出，在 20 世纪和 21 世纪中叶，必须以先进的环境保护技术为基础，通过严格的法律监督，才能达到控制污染、改善环境的目的。例如，加拿大重视旅游可持续发展科技创新，增加对新技术的研究和开发投入，使科技成为促进旅游可持续发展的重要驱动力。因此，在国家文化公园的建设阶段，应该重视旅游可持续发展科技创新，强调新技术的开发和利用，整合高校、科研机构、企业等科研创新资源，让科技成为旅游可持续发展的重要推动力。

参考文献

[1]王长松.历史文化名城的保护与发展模式[J].人民论坛，2019(27)：60-61.

[2]王龙霄.文化遗产活化的新思考[N].中国文物报，2019-01-18(005).

[3]许梦媛.习近平的文化遗产保护观研究[J].中北大学学报(社会科学版)，2018，34(6)：27-31.

[4]杭侃.文化遗产资源旅游活化与中国文化复兴[J].旅游学刊，2018，33(9)：5-6.

[5]王馨，高楠，白凯.遗产旅游研究的知识图谱分析——基于1990年以来国内外的重要文献[J].陕西师范大学学报(自然科学版)，2018，46(3)：117-124.

[6]颜鹤翔，董盼晴，沈玉琪.中国文化遗产传承与发展的现状及问题对策分析[J].时代金融，2018(6)：290-291.

[7]段清波.论文化遗产的核心价值[J].中原文化研究，2018，6(1)：102-110.

[8]柳斌杰.文化遗产的传承、保护和创造性转化[J].中国人大，2017(24)：21-23.

[9]李麦产，王凌宇.论线性文化遗产的价值及活化保护与利用——以中国大运河为例[J].中华文化论坛，2016(7)：75-82.

［10］张朝枝，李文静．遗产旅游研究：从遗产地的旅游到遗产旅游［J］．旅游科学，2016，30（1）：37–47.

［11］王娜．浅谈区县不可移动文化遗产的数字化管理［C］//2015年北京数字博物馆研讨会，2015.

［12］张朝枝．国家公园体制试点及其对遗产旅游的影响［J］．旅游学刊，2015，30（5）：1–3.

［13］辛岩．应当充分地批判地科学地利用中国文化遗产［J］．红旗文稿，2014（20）：13–15.

［14］姜师立，张益．基于突出普遍价值的大运河文化遗产保护和利用［J］．中国名城，2014（4）：50–57.

［15］崔卫华，贾婉文．近十五年我国文化遗产研究的新动向——基于核心期刊的统计分析［J］．东南文化，2013（5）：17–25，127–128.

［16］陈蓓蕾．中国世界遗产旅游研究综述［J］．经济研究导刊，2012（35）：72–73.

［17］董皓，张喜喜．近十年国外文化遗产旅游研究动态及趋势——基于《Annals of Tourism Research》与《Tourism Management》相关文章的述评［J］．人文地理，2012，27（5）：157–160，97.

［18］田世政，杨桂华．中国国家公园发展的路径选择：国际经验与案例研究［J］．中国软科学，2011（12）：6–14.

［19］张朝枝，郑艳芬．文化遗产保护与利用关系的国际规则演变［J］．旅游学刊，2011，26（1）：81–88.

［20］傅才武，陈庚．当代中国文化遗产的保护与开发模式［J］．湖北大学学报（哲学社会科学版），2010，37（4）：93–98.

［21］张世均，刘兴全．中韩民族文化遗产保护与利用的措施比较［J］．西南民族大学学报（人文社科版），2010，31（7）：17–20.

［22］曹国新．文化遗产旅游研究的现状、症结与范式创新［J］．旅游学刊，2010，25（6）：7–9.

[23]张国超.我国文化遗产经营管理模式创新问题——以文化遗产景区为中心[J].江汉大学学报(人文科学版),2009,28(5):80-85.

[24]苏全有,韩洁.近十年来我国世界遗产问题研究综述[J].湖南工业大学学报(社会科学版),2008(4):150-152.

[25]杨利丹.中国遗产旅游研究进展[J].北京第二外国语学院学报,2007(1):9-14.

[26]章剑华.当代中国文化遗产保护与利用的时代性[J].艺术百家,2006(7):1-3.

[27]宋才发.论世界遗产的合理利用与依法保护[J].黑龙江民族丛刊,2005(2):84-90.

[28]张朝枝,保继刚.国外遗产旅游与遗产管理研究——综述与启示[J].旅游科学,2004(4):7-16.

[29]张成渝,谢凝高.世纪之交中国文化和自然遗产保护与利用的关系[J].人文地理,2002(1):4-7.

[30]陈宏辉,贾生华.利益相关者理论与企业伦理管理的新发展[J].社会科学,2002(6):53-57.

[31]杨瑞龙,周业安.企业的利益相关者理论及其应用[M].北京:经济科学出版社,2000.

[32]李洋,王辉.利益相关者理论的动态发展与启示[J].天津财经学院学报,2004,24(7):32-35.

[33]陈宏辉.企业的利益相关者理论与实证研究[D].杭州:浙江大学,2003.

[34]夏赞才.利益相关者理论及旅行社利益相关者基本图谱[J].湖南师范大学社会科学学报,2003.

[35]克莱尔·A.冈恩,特格特·瓦尔.旅游规划:理论与案例[M].大连:东北财经大学出版社,2005.

[36]Inskeep,Edward.Tourism Planning[M].Van Nostrand Reinhold.New

York，1991.

[37]吴国清，丁水英，谷艳艳.旅游规划原理[M].北京：旅游教育出版社，2010.

[38]刘昆，王林.科学技术与旅游业可持续发展[J].中国西部科技，2005（10）：70–72.

[39]王丰年.论生态补偿的原则和机制[J].自然辩证法研究，2006（1）：31–35.

[40]张振威，杨锐.美国国家公园管理规划的公众参与制度[J].中国园林，2015，31（2）：23–27.

[41]刘少艾，卢长宝.价值共创：景区游客管理理念转向及创新路径[J].人文地理，2016，31（4）：135–142.

[42]张婧雅，张玉钧.论国家公园建设的公众参与[J].生物多样性，2017，25（1）：80–87.

[43]张地珂，赵天宇.地质遗迹资源可持续利用国际对比研究[J].中国国土资源经济，2016，29（12）：33–38.

[44]李霞.美国、加拿大等国家公园游客管理体系及启示[J].福建林业科技，2020，47（1）：92–97，114.

[45]吴健，王菲菲，余丹，等.美国国家公园特许经营制度对我国的启示[J].环境保护，2018，46（24）：69–73.

[46]周密.美国国家公园制度及对我国发展优质旅游的启示[C]// 中国旅游科学年会论文集.中国旅游研究院，2018：48–62.

[47]苏杨，胡艺馨，何思源.加拿大国家公园体制对中国国家公园体制建设的启示[J].环境保护，2017，45（20）：60–64.

[48]蔚东英.国家公园管理体制的国别比较研究——以美国、加拿大、德国、英国、新西兰、南非、法国、俄罗斯、韩国、日本10个国家为例[J].南京林业大学学报（人文社会科学版），2017，17（3）：89–98.

[49]王江，许雅雯.英国国家公园管理制度及对中国的启示[J].环境保

护，2016，44（13）：63-65.

［50］董禹，陈晓超，董慰．英国国家公园保护与游憩协调机制和对策［J］．规划师，2019，35（17）：29-35，43.

［51］陈雅如，刘阳，张多，等．国家公园特许经营制度在生态产品价值实现路径中的探索与实践［J］．环境保护，2019，47（21）：57-60.

［52］张海霞，吴俊．国家公园特许经营制度变迁的多重逻辑［J］．南京林业大学学报（人文社会科学版），2019，19（3）：48-56，69.

［53］赵承磊．国外体育旅游研究述评与启示［J］．山东体育科技，2020，42（3）：36-40.

［54］李霞，余荣卓，罗春玉，等．游客感知视角下的国家公园自然教育体系构建研究——以武夷山国家公园为例［J］．林业经济，2020，42（1）：36-43.

［55］金云峰，卢喆，吴钰宾．休闲游憩导向下社区公共开放空间营造策略研究［J］．广东园林，2019，41（2）：59-63.

［56］尹宏，王苹．文化、体育、旅游产业融合：理论、经验和路径［J］．党政研究，2019（2）：120-128.

［57］卢长宝，郭晓芳，王传声．价值共创视角下的体育旅游创新研究［J］．体育科学，2015，35（6）：25-33.

［58］王龙飞，姚远．美国户外探险旅游发展经验及其启示［J］．体育文化导刊，2011（6）：36-40.

［59］宋增文，向宝惠，王婧，等．国内外探险旅游研究进展［J］．人文地理，2009，24（5）：25-30.

［60］G Espa，R Benedetti，A De Meo，et al. GIS based models and estimation methods for the probability of archaeological site location［J］. *Journal of Cultural Heritage*，2006，7（3）.

［61］保继刚，孙九霞．从缺失到凸显：社区参与旅游发展研究脉络［J］．旅游学刊，2006（7）：63-68.

[62]陈肖月.文化遗产利用的多元化实践与创新型探索[J].价值工程，2012，31（27）：270–272.

[63]袁南果，杨锐.国家公园现行游客管理模式的比较研究[J].中国园林，2005（7）：27–30.

[64]赵杏一.美国、德国、日本森林生态补偿法律制度研究[J].世界农业，2016（8）：90–94.

第五章　国家文化公园立法

第一节　国外国家公园立法相关经验借鉴

一、经典立法模式归纳总结

（一）美国:“一区一法”制度

美国以国家公园管理局基本法（Organic Act）为基础，各国家公园的授权法（Enabling Legislation）和其他3项成文法——原野地区法（Wildness Area）、原生自然与风景河流法（Wild and Scenic River）、国家风景和历史游路法（National Scenic and Historical Trails）为主体，以国家环境政策法、部门规章和其他相关联邦法律为辅助构成国家公园法律体系（杨锐，2003）。其中，授权性立法，即“一区一法”制度是美国国家公园立法的特色所在。每个国家公园体系单位都有相对应的授权性立法文件，对具体国家公园的经营和管理给予细致的法律制度规定，立法内容更具针对性（刘玉芝，2011）。“一区一法”标志着美国国家公园法走向成熟，使得特定国家公园管理有法可依，违法必究。具有代表性的例子即为《黄石公园法》。

（二）加拿大:“联邦、省、地方”的三元立法体系和多元共治模式

加拿大国家公园的管理组织机构以《加拿大国家公园局法》和《加拿大遗产部法》为基本法，以《加拿大国家公园法》《加拿大海洋保护区法》《历史遗

迹及纪念地法》《遗产火车站法》为主作为针对国家公园的自然生态资源和历史文化资源的保护管理的专门法律，此外，辅之以一系列配套法规、计划、政策、手册指南、战略，完善了加拿大国家公园的法律法规体系。加拿大分权原则和地方自治制度使遗产地呈现出联邦、省、地方的三元立法体系，为国家公园保护措施实施提供良好的范本。

多元共治模式是指在中央由一个政府部门对国家公园实行统一管理，有国家法律支撑，给予稳定的国家资金支持。在政府立法保障的基础上注重社区等多方参与，出台重视非政府主体在国家公园管理中作用的法律，形成以政府为主导，非政府主体共同参与的多元共治模式（李爱年、肖和龙，2019）。如《加拿大国家公园法》明确规定了必须给公众提供机会，使他们有机会参与公园政策、管理规划等相关事宜。这实质上是一种各类利益相关者之间的合作伙伴模式，各类利益相关者之间的合作与联合行动保障了各方利益（张书杰、庄优波，2019）。

（三）南非：人性化的适应性立法模式

《国家公园法》是南非国家公园的基本法律，在此基础上从国家层面整合了以《国家环境管理法》《国家森林法》《世界遗产公约法》《高山盆地法》为指导的各类保护地体系，构成南非国家公园的法律体系。这些法律明确了法律的适用范围和与其他法律发生交叉或冲突时的运用规定，提出部门合作和机构权力转移的适用条件，对我国现阶段建立国家公园体制的立法很有借鉴意义。

适应性立法模式是指在国家公园立法时基于理想特征与实际表现进行立法评估。在理想情况下，国家公园立法应让管理当局与政府和公民社会中感兴趣的和受影响的各方进行磋商，让他们参与制订共同目标的管理计划，并提供对结果的监督、共同学习和决策。南非国家公园立法前需要在政府部门与其他利益相关者之间进行协商，允许管理当局与“对国家公园有利益”的个人或组织合作，但这不是强制性的。这些体现了南非国家公园立法的可取之处——灵活性和人性化（Peter Novelliea，Harry Biggsc，Dirk Rouxa，b，2016）。适应性管理立法模式为未来的立法和政策修订提供坚持基础实现法律体系的不断更新和完善。

二、美国国家公园立法经验借鉴

（一）纵横交织、高度完备的法律体系

美国作为世界上第一个设立国家公园并将该种管理模式推广的国家，拥有纵横交织的高度完备的立法体系。从纵向来看，国会拥有针对国家公园体系整体的立法，如《国家公园综合管理法案》《国家公园管理局特许事业决议法案》《总管理法》《国家公园及娱乐法案》等，以及国家公园基本法和国家公园授权性立法；从横向来看，美国具有关于国家公园的专门法律，包括但不限于责任与义务划分、市场准入、特许经营等方面。其中典型的有《特许经营政策法》《荒野法》《国家自然与风景河流法》等。《特许经营政策法》是为了规范国家公园内的经济活动，协调环境保护和经济开发之间的关系而出台的法律，对园内的经营活动做出了规定和限制；《原生自然与风景河流法》将河流资源纳入国家公园的保护范围之中（杨静怡，2020）。除此之外，管理机构还会根据各个国家公园出现的新情况、新问题进行立法完善。

（二）立法层次高且内容制定详细周全

《国家公园管理局组织法》作为美国国家公园主要法律依据之一，立法层次仅低于宪法。随后的《国家公园管理局组织法》1970年修正案、1978年修正案都坚持这一立法层次。国家层面的立法有助于形成成熟完善的法律体系，同时也为国家公园的保护、建设、经验、管理提供了严格和可靠的法律保障。

美国国家公园相关的法律内容和设计范围也很广泛和详尽。国家公园管理机构责任指定、国家公园经费来源、对特许经营权的限定、实行分区保护与管理、重规划管理、重视公众参与等方面都有法可依。并且，美国国家公园的法律法规体系是由等级梯度明确的联邦法案、相关行政命令、规章、计划、协议、公告、条例等构成，确立了一个紧紧围绕“国家公园”的法律文件群，形成了多种法律控制制度相互补充、相互制约的平衡型架构。细化且详尽的法律法规制定为具体实施环节提供了清晰的参考依据。

三、日本国家公园立法经验借鉴

（一）把环境保护放在重要位置

20世纪日本工业的快速发展造成严重资源消耗，国内的生态环境遭遇严重破坏。因此，日本在国家公园立法建设时将环境保护放在重要位置。日本涉及自然环境保护的法律体系主要包含以自然环境保全为目的的《自然环境保全法》、专门针对自然公园的法律《自然公园法》、外围的相关法律三部分内容。《自然环境保全法》是日本自然保护区体系的基本法规;《自然公园法》是负责国立公园、国定公园和县立公园等系列自然公园的专门立法；外围的相关法律，包括对自然环境起保全作用的《环境基本法》《野生动物保护及狩猎法》《濒危野生动植物物种保存法》《规范遗传基因重组方面的生物多样性保护法》《森林法》和对历史环境起保全作用的法律，如《文化财产保护法》等，也都涉及国立公园和自然保护区体系内相关遗产资源的保护和管理问题。

（二）法律体系完备，可操作性强

日本是亚洲第一个建立国家公园的国家，其立法水平走在亚洲乃至世界的前列。日本采取以国家层面的《自然公园法》为支撑，辅之以专门性法律的完善法律体系，管理制度上采取用地管理分区，即超越土地产权与土地利用性质，对国家公园进行的全覆盖“梯级式”区划的分区治理制度，可操作性强。在国家公园定义和标准确定方面，《自然公园法》规定：“国家公园是指国内面积较大的区域，该区域主要目的为对生态系统和自然环境的完整性进行保护，对这一区域命名为国家公园。同时将20平方千米以上的自然景观及人类活动未影响区域作为划定标准。”在国家公园管理方面，日本有专门立法为国家公园管理提供法律保障，国家公园专门法律包含国家公园的规划、设施建设等事项。

四、英国国家公园的立法经验借鉴

（一）多层次的规划制度

规划制度（Planning System）是英国国家公园保护中的核心法律制度。根据《国家公园与乡村通行法》的规定，每个国家公园都要制定本公园的管理规划，意图通过规划，根据公众利益来对土地的使用和开发进行控制，以限制对土地所有者财产权的影响。英国国家公园规划包括管理规划、核心战略及其他规划三个层级，从整体和专项两个层面对国家公园进行全面的规划管理。另外受英国土地私有制的影响，英国国家公园规划需要满足国家政策（National Policy）、区域政策（Regional Policy）和地方政策（Local Policy）等的规定，兼顾保护和利用双重原则（李爱年、肖和龙，2019）。保证了英国国家公园规划制度的权威性和严肃性，为国家公园的科学合理发展提供了保障。

（二）注意与其他法规的协调

英国属于世界上较早实施国家公园立法的国家，相关法律体系较为完善且法律条文复杂。且英国国家公园由不同的部门负责，国家环境、食品和乡村事务部（Defra）负责联合王国内所有的国家公园，英格兰自然署（Natural England）、苏格兰自然遗产部（Scottish Natural Heritage）、威尔士乡村委员会（Countryside Council of Wales，CCW）则分别负责其国土范围内的国家公园事务，这样的管理体制决定了其在法律适用方面面临相对复杂的情况。因此，英国在国家公园相关法律制定时十分注重与其他法律的协调。例如，在英国的《环境保护法》中的各条款，也多次提到《国家公园与乡村进入法》《城镇与乡村计划法》《野生动物和乡村法》等相关法规之间的衔接与协调。

第二节　我国国家文化公园的立法现状、问题及对策

一、文化遗产、国家公园、国家文化公园立法现状

（一）文化遗产：尚未出台专门法律，但相关立法数量丰富

当前中国尚未出台针对文化遗产的专门法律，但相关立法数量较为丰富，主要是在《宪法》指导下，由《环境保护法》《文物保护法》《风景名胜区条例》《历史文化名城名镇名村保护条例》《长城保护条例》《大运河遗产保护管理办法》等为主体，《刑法》《物权法》《城乡规划法》《旅游法》等为补充而组成的立法体系。在文化遗产保护的环境法维度，《环境保护法》为环境保护领域的基本法，为文化遗产保护提供诸如保护优先，预防为主的基本原则；在文化遗产保护的文化与遗产法维度，《文物保护法》提供了文物保护的内容、程序、保护标准及方法等技术性支持。

（二）国家公园：立法体系尚不完善，理论研究较少

目前，我国关于国家公园的立法尚不完善，管理体制、资金运作、资源产权等制度均未在立法上予以明确。我国的立法中也并没有国家公园法，甚至连部门规章也没有。我国现有的国家公园法律体系包括了基本法《宪法》和以《环境保护法》为代表的单行法律，同时，以《自然保护区条例》《风景名胜区条例》为代表的行政法规、以《国家级森林公园管理办法》为代表的部门规章和各类专门性的地方法规都应被纳入我国现有的国家公园法律体系中。

国家公园体制的建立需要法理基础和法律体系的支撑。但国内关于国家公园体制建设的研究相对较少，尤其是法学对于国家公园体制具体构建中的制度依据和法律依据的研究有待提高。

（三）国家文化公园：概念中国首创，立法尚处探索阶段

“国家文化公园”这一概念为中国首创，目前的发展正处于起步和探索阶段。我国目前在国家文化公园的立法体系研究方面尚属空白，立法体系构建方面大多借鉴国家公园、文化遗产相关的法律法规。2019 年 12 月，中共中央办公厅、国务院办公厅印发了《长城、大运河、长征国家文化公园建设方案》（以下简称《方案》）。《方案》的出台，标志着我国文化公园建设进入实质性推进阶段，我国在国家文化公园的法律体系构建方面也有着快速发展。在全国政协十三届三次会议上，全国政协委员、贵州省人大常委会秘书长李三旗向大会提交了《关于为建设长征国家文化公园提供法律保障》的提案。尽早出台建设长征国家文化公园相关法律，重点就保护传承、研究发掘、环境配套、文旅融合、管理体制等方面进行顶层设计，为地方立法提供指导。

二、我国国家文化公园立法存在的问题

（一）立法层次低和体系性不足

首先，立法层次低。我国目前关于国家公园的相关政策多达几十件，但中央层面关于国家公园的立法尚为空白。国家公园的制度建设，没有法律加以调整是无法实现的。中央立法的空白，使得国家公园制度建设过程中的人为不确定性因素和政策性因素比例提高，导致国家公园相关实践的不稳定。没有中央立法的强制约束，地方性法规容易出现越权立法的问题。同时制定保护地相关法律法规的主体大多是行政主管部门，而不是人大等立法部门，降低了这些法律法规执行的力度。

其次，立法体系性不足。针对具体国家公园的专门性法律缺失，现有立法尚未形成一套成熟、系统的立法体系。在法律的适用问题上，体系内部协调性不足，存在两项法律条文重复、冗余的现象。如《自然保护区条例》和《水生动植物自然保护区管理办法》个别条款的冲突，既浪费了立法资源，又容易造成“不确定”和“不规范”的问题。

（二）地方先行立法模式选择错误

目前我国对于国家公园的立法主要采取自下而上的立法模式，总体来看存在着复杂问题。首先，容易出现越权立法问题。没有中央立法的强制约束，地方性法规的实践会出现越权行使职权的情况。其次，立法偏离国家公园所属国家性的法律特征。地方立法将会导致地方政府考虑自身利益而偏离国家管理目标，且在现行的国家公园体制不够健全的情况下，存在较多“灰色区域”。国家公园的管理体制、资金运作、资源产权等制度尚未在立法上予以明确，导致管理失效。最后，地方立法时效滞后。很多地方法规均未根据国内立法形势的变动外及时更新和修订，导致法律实施等工作无法有效执行。

（三）国家文化公园管理体制缺少统一立法规定

我国国家文化公园适用不同的法律规定，将导致多部门管理和管理混乱的问题，根本原因是我国缺少统一的立法规定。首先，目前试点的国家公园也存在交叉管理和多头管理的问题，国家公园管理机构之间缺少联系，而统一的管理机构则需要拥有原来管理机构所不具备的职权，因此，统一管理机构的级别应提高，并赋予其相应的权力。其次，国家文化公园管理机构权限较低，执法方式单一，大部分还是委托执法方式，不能很好地履行协调职责，而被委托机关无法明确其主体资格，以委托机关名义执法自己不承担相应的法律责任。最后，国家文化公园管理要求综合执法，将监督与执法的相关职能分开，但在实践中很难区分相关职能的界限，如果监管部门和执法队伍同时拥有检查权，就很可能导致重复检查（钱芳，2019）。这些问题必须在立法中得以统一解决，否则国家文化公园的综合管理与监督执法工作将不能得以有效开展。

（四）国家文化公园执法阻力大

没有明确的国家文化公园执法主体。在缺乏现行国家公园规定的情况下，缺乏直接管理机构来管理和保护国家公园。国家公园相关的法律规范也没有明确规定某一个行政机关的行政执法主体地位，使国家对实际发生的一些违法活动不易针对具体罪责进行量刑，也就是无法成为名副其实的保护者。同时，由于保护区管理机构缺乏监管机构，部门内部违规行为无人监管导致管理薄弱。

地方保护主义阻力较大。建立国家公园能够很好地保护地方自然环境，但是国家公园的存在对当地人的生活方式以及经济发展也会产生一定影响，这是无法回避的。根据环境正义理论，如果原住民因此权利受到限制，却无法得到补偿，那将有违国家对公民权利的保护。如果国家公园的建立与地区的发展之间的平衡难以协调，国家公园就难以得到地方的支持。

三、我国国家文化公园立法对策与建议

（一）提升立法位阶

法律层级决定了法律的有效性。纵观世界各国的建设经验，无论采用何种立法模式，大多数国家选择在国家层面制定国家公园的基本法，甚至一些国家已经制定了关于主要国家公园的国家立法。从国家与地方的关系出发，国家可以从立法层面统一国家公园政策；从部门与部门的关系出发，国家层面的法律制定摆脱了部门立法的分权，在一定程度上削弱了部门利益对法律制定的影响。从法律层面来看，国家层面的立法自由程度相对较高，无论是行政处罚的设定还是与其他法律的关系，提高法律层级将有利于国家公园体系的完善。

从国家层面对国家公园等各类自然保护地进行立法，统一全国国家公园、自然保护区、风景名胜区、森林公园、地质公园等政策，为国家文化公园建设化提出总体架构，对于切实推进建设统一、规范、高效的国家文化公园体制具有重大意义。

（二）形式框架和实质功能双重意义上的立法体系化

国家公园立法的体系性首先表现在形式意义上，借鉴英国国家的规划制度，构建国家公园的立法框架。可以通过两种立法模式实现立法体系化的目标，不同的模式将配置不同的法律法规，从而实现立法框架的周密部署。立法功能的体系化不仅需要将各项法律功能分配给国家公园体系内部的法律法规，而且需要明确与外部相关法律的适用关系。国家公园立法的体系化需要进一步体现在实质意义上，即对国家公园立法进行内部纵向和外部横向两个维度

的协调构建。第一步，将构建国家公园体制所欲发挥的法律功能配置给不同的法律法规；第二步，对国家公园立法中涉及的外部关联法律，以保证逻辑自洽性和法律适用为标准，进行法律之间的衔接，最终形成国家公园立法全面的体系化。

（三）协调多对利益关系，将其纳入系统化法律制度

国家公园除了最基本的生态系统外，还是由自然、管理、社会、文化和法律等系统组成的复合体。就管理系统而言，宏观上不仅体现中央与地方之间的权属关系，而且地方上又可细分为不同省份之间、不同区域之间以及不同类型国家公园之间的权利诉求；微观上而言，对国家公园的开发利用涉及自然资源、生态保护、文化旅游和城乡规划等多个方面，对国家公园的行政管理涉及发改委、财政、环境保护、自然资源、林草、水利、文化旅游和市场监管等主管部门之间的权责划分。就社会系统而言，在提倡多元共治的背景下，国家公园功能的发挥关乎经济发展和民生福祉，势必需要协调政府、企业和公民个人之间的利益关系。因此协调多对利益关系并将其纳入整体性、系统性的法律制度，是确国家公园类型完整、面积合理、功能齐全的必然选择，也是平衡好发展与保护的有效途径。

（四）立法明确国家文化公园执法主体

国家文化公园管理机构是相关制度具体运行的管理部门，并由法律明确规定，总体的责任是相关规范的提出、批准和监督；执法部门依法查阅、执法。有关部门之间对职责进行细致划分有益于杜绝“踢皮球”的现象发生。从中国国家公园资源环境综合行政执法试点工作和国外国家公园综合执法的相关情况可以看出，国家公园综合执法制度的建立符合社会的发展，增强了国家对国家公园的管控能力。相较于以往的管理单位独立掌控各项职权，国家公园综合行政执法试点单位的新模式更能实现有效的监督管理。立法明确国家文化公园的执法主体，能达到有效的管理效果。

参考文献

［1］杨锐．美国国家公园的立法和执法［J］．中国园林，2003（5）：64-67.

［2］刘玉芝．美国的国家公园治理模式特征及其启示［J］．环境保护，2011（5）：68-70.

［3］李爱年，肖和龙．英国国家公园法律制度及其对我国国家公园立法的启示［J］．时代法学，2019，17（4）：27-33.

［4］张书杰，庄优波．英国国家公园合作伙伴管理模式研究——以苏格兰凯恩戈姆斯国家公园为例［J］．风景园林，2019，26（4）：28-32.

［5］Peter Novelliea，Harry Biggsc，Dirk Rouxa，b.National laws and policies can enable or confound adaptive governance：Examples from South African national parks［J］. *Environmental Science & Policy*，2016（4）：40-46.

［6］杨静怡．我国国家公园立法问题研究［D］．保定：河北大学，2020.

［7］Borrini-Feyerabend G，Hill R. Governance for the conservation of nature. In：Worboys，G.L.，Lockwood，M.，Kothari，A.，Feary，S.，Pulsford，I.（Eds.），Protected Area Governance and Management［M］. Canberra ANU Press，2015：169-206.

［8］Burns M，Audouin M，Weaver A. Advancing sustainability science in South Africa［J］. *S. Afr. J. Sci*，2006（102）：379-384.

［9］Chaffin B C，Gosnell H，Cosens B A. A decade of adaptive governance scholarship：synthesis and future directions［J］. *Ecol. Soc*，2014，19（56）.

［10］Ruhl J B，Thinking of environmental law as a complex adaptive system：how to clean up the environment by making a mess of environmental law［J］. *Houst. Law Rev*，1997（34）：933-1002.

［11］秦天宝，刘彤彤．自然保护地立法的体系化：问题识别、逻辑建构和实现路径［J］．法学论坛，2020，35（2）：131-140.

第六章　各国家公园管理模式案例简介

第一节　智利——“合作型”管理模式

智利现拥有百内国家公园（Torres del Paine National Park）、拉帕努伊国家公园（Rapa Nui National Park）、巴拉斯港自然公园（Parque Nacional Vicente Perez Rosales）等多个世界级国家公园，成为其旅游业发展的主要支撑力量。智利的国家公园体系采用“合作型”管理模式，由国家林业局和国家遗迹理事会两个部门合作治理。

一、“双部门”管理模式

智利的国家公园管理模式属于“合作型”，采取“双部门”管理机制。“双部门”是指国家公园由智利国家林业局（National Forest Service of Chile）和国家遗迹理事会（National Monuments Council）两个部门共同管理，“合作型”管理模式是指两个官方政府部门共同负责、相互协调，一起对国家公园进行保护和管理。

智利国家林业局负责公园内的生态恢复与环境保护工作，而国家遗迹理事会负责管理公园内的自然和文化遗产保护工作，这样的合作制度使得公园内的自然和文化资源可以得到更好的开发、利用和保护。在双部门的合作体制下，智利的国家公园享誉全球，尤其是拉帕努伊国家公园凭借丰富的自然与文化资源，被联合国教科文组织列为世界级文化遗产。

二、社区自治小组

智利采取政府部门与社区自治相结合的管理模式。以拉帕努伊国家公园为例，公园设有管理小组，在征得本地居民的意见和建议下对公园的运营和保护情况实行定期审查。管理小组由具有专业素养的管理人员组成，熟悉公园的管理与营运，使得公园管理更加便捷高效。此模式下，各职能部门划分清晰、权责分明，管理小组负第一责任，能避免互相推诿现象的发生。

居民自治也是促进社区参与公园管理的重要途径。居民是公园区域内最具活力的因素，社区则是居民们利益和诉求的集中表达。拉帕努伊的社区居民组成了名为 Ma’u Henua 的土著社群，居民通过社群形式参与公园管理。社群的组织形式给了居民更多的自主权和参与感，可以更好地维护拉帕努伊的社区与公园之间的关系。

第二节　澳大利亚——“联合管理”模式

澳大利亚现有 516 个国家公园，覆盖面积占陆地面积的 1/4。为避免职能重叠，澳大利亚以法律形式规定了各州和领地政府对国家公园的职责，确立了“联合管理”的合作管理机制。圣诞岛、诺福克岛、乌鲁鲁－卡塔曲塔等 6 个国家公园和 13 个海洋公园直接由联邦政府管理，而其他国家公园均由属地的州一级政府管理。

一、原住民参与的联合管理

澳大利亚公园体系的联合管理是由国家公园管理董事会理事长与公园所有者 Anangu 共同管理。原住民加入国家公园董事会，理事长在澳大利亚环境和能源部下属的国家公园和野生动物管理局（the Australian Parks and Wildlife Service，Parks Australia）的协助下，与公园所有者 Anangu 联合管理公园事务。

联合管理系统还包括中央土地委员会（CLC）、社区联络官、管理董事会秘书、董事会协商委员会、联合管理伙伴关系小组等主体。中央土地委员会负责保障传统所有者的利益，负责关于土地的咨询、谈判和协商等。社区联络官则辅助社区和 Parks Australia 之间的联络，并向董事会提交社区的意见。联合管理伙伴关系小组旨在推进公园的联合管理，讨论相关的社区问题。

二、土著文化和知识产权（ICIP）

澳大利亚的土著文化在艺术品市场、旅游市场创造了可观的经济效益，包括不动产文化财产、文化物品、传统艺术、当代艺术等。由于非土著居民过度使用 ICIP 而损害了土著居民的合法利益，因此 Anangu 禁止了不当使用文化材料和图像，明确了 Anangu 对 ICIP 的所有权，制定了法律条例对 ICIP 进行保护。

文化材料数据库也被用于保护文化遗产。乌鲁鲁－卡塔曲塔国家公园设立文化遗址管理系统用来储存数码影像和录音资料，也使用区域数据库（Ara Irititja）与南澳大利亚博物馆以及其他西部沙漠社区合作，提供文化物料存放场所。澳大利亚政府还成立了文化遗产及科学咨询委员会，负责审阅及修订《文化遗产行动计划》，并促进计划实施。

第三节　南非——“契约管理”模式

南非政府对国家公园进行直接管理，并成立南非国家公园管理局（SANparks）对其进行垂直管理。南非政府授权给国家公园管理局，对国家公园进行管理和制定规则，自上而下的垂直管理模式使得公园的管理和运行更有效率。

一、契约管理协议

契约管理协议是在国家公园与社区、私人土地所有者之间签订的，以共同协商解决公园土地使用等问题。契约管理协议使得土地所有者成为公园的一部分，从而为公园建设做出贡献。在协议下，国家公园成为契约制公园，可以促进更广泛的资源保护和公园运营。

克鲁格国家公园作为南非第一个正式成立的国家公园，公园地域属于国家土地，南非政府以《定居协议》赋予马库勒克社区开发该地区的权利。国家公园管理局订立了负责该地区的保护管理协议，而公园与马库勒克社区签订的共同管理协议则由联合管理委员会（JMB）管理。

南非的克鲁格国家公园与津巴布韦的刚纳瑞州国家公园和莫桑比克的林波波国家公园组成了国家公园群，建立了大利波波河越境公园，以适应非洲大象的自然迁徙需要。越境公园除了恢复野生动物的自然迁徙习惯外，也对三个国家的经济与旅游业发展提供了机遇。

二、文化遗产保护与科研教育

南非国家公园管理局负责保护国家公园域内的文化和自然遗址。克鲁格国家公园建立了按照遗址命名的保护网站，其中对公众开放的网站有阿尔巴西尼遗址、马索里尼和图拉梅拉等网站，是对文化遗产的展示与公共意识层面的保护。

国家公园内的科研教育项目十分受到南非国家公园管理局的重视。其中最具代表性的就是热带草原和干旱研究小组（Savanna and Arid Research Unit），负责管理国家公园的科学研究和生态监测。小组主要研究生态系统的复杂性，并向公园管理者提供科学建议，也负责管理公园管理人员和科学家之间的联系。

第四节　加拿大——“垂直管理”模式

加拿大的国家公园体系除了陆地系列的国家自然公园外，还包括国家海洋保护区和国家历史遗迹。国家公园体系最大限度地整合了自然资源与文化资源，是加拿大发展生态旅游、自然旅游、文化旅游和遗产旅游的重要载体。加拿大拥有丰富的公园管理经验，是世界上第一个设立专门管理国家公园政府机构的国家。

一、垂直管理为核心

1998年加拿大通过《国家公园局法案》，将国家公园局确立为一个“部门机构”（Departmental Corporation），使其正式取得了独立法人资格，可以行使机构立法权，并且制订实施政策框架内的项目计划，在人力资源管理、行政管理和财务管理方面享有很大的自主性。目前加拿大环境部部长负责全面指导公园局的业务工作，并就公园局内的各项活动向国会承担法律责任，而国家公园局首席总裁负责每年向环境部长做工作报告。

加拿大国家公园管理采用“垂直管理”模式，国家公园的一切事务均由国家公园局负责，与公园所在地无关。国家公园局的任务是保护全国范围内具有加拿大特点的自然区域和历史遗迹，同时与其他联邦机构密切合作，负责开展区域经济、旅游发展、公共工程等方面的活动，从专业角度对相关活动提供意见和协助，并监督其他机构在资源利用过程中的保护行为。

二、国家公园体系计划

加拿大的国家公园管理制度十分健全，为国家公园的发展、自然资源和文化资源的保护提供了制度性保障。公园管理制度体系由国家公园确认制度、管理计划制度、自然资源保护制度、居民服务管理制度、公众参与制度等部分组成。该制度体系涵盖了国家公园运营中涉及的大多数利益群体，完整涉及国家公园的确立、规划、管理、居民参与等环节，使得国家公园的建设与运营更加规范化。

国家公园体系计划（National Parks System Plan）负责指导公园管理局工作，依据生态标准划分自然区域以促进其保护。此外，每个国家公园也拥有独立的管理规划，包括管理目标及其实现这些目标的手段和策略。计划与规划旨在保护自然资源，确保生态环境的完整及文化遗产的延续等。国家公园局年度报告也包括各国家公园管理计划的执行情况。

第五节　意大利——“联盟制”模式

意大利为保护野生山羊而设立了大帕拉迪索国家公园（Gran Paradiso National Park），此后奇伦托和迪亚诺河谷国家公园（Cilentoand Vallodi Diano National Park）连同周围的考古遗迹和文化景观，作为文化遗产被列入《世界遗产名录》。如今意大利的国家公园、自然公园、区域公园交织在一起覆盖国土总面积的 5%，既有力促进了全国的自然和文化遗产保护事业，也为户外游憩和自然旅游提供了重要场所。

一、层级分明的管理机构

国家公园管理机构具有法定地位，由主席、管理委员会、执行委员会、审计委员会以及国家公园联盟组成，受到环境部的监督。其中，主席是国家公园的法人代表，由环境部协商国家公园所在的大区主席或自治省省长后提名产生，负责相关机构的协调，履行管理委员会通过的紧急情况措施。

管理委员会由主席及 12 名成员组成，需要环境部与有关大区协商选出，成员包括从事自然保护的专业人士或国家公园联盟代表。管理委员会对所有基本问题，特别是财政预算做出决议。此外，审计委员会根据国家审计法及由财政部商环境部后通过的国家公园机构审计法则，对机构的账目进行审计。

二、国家公园联盟

意大利国家公园联盟是属于国家公园管理机构的协商与建议机构，由负责对国家公园审计的大区及省主席、市长、山区共同体主席组成。对于国家公园规划、咨询委员会提议、财政预算及决算、年度社会和经济发展规划等事项做出决议并监督其实施。

国家公园条例由国家公园管理机构审批通过，旨在规范在国家公园辖区范围内的行为活动。具体可规定调整建筑工程的类型及方式，手工业、商业、服务业及农林牧业活动的开展，公众在国家公园的逗留及交通方式，体育、娱乐、教育活动的开展等事项。

三、风俗习惯清查特派员

意大利规定国家公园应由具有自然及环境价值的土地、河流、湖泊或海岸线构成，同时具有观赏性、艺术性及体现当地人民的文化传统。国家政府或大区政府每年会拨款用于修复历史遗迹及具有特殊历史及文化价值的建筑，组织国家公园内景点的文化活动。

为保留地方风俗与地域文化，以及居民权利和风俗习惯，国家公园管理机构特设风俗习惯清查制度。国家公园条例中为保护自然资源而设置了一系列的禁止条例，风俗习惯清查特派员应根据国家公园管理机构的要求进行清查。对地方上的特殊猎捕或按风俗习惯沿袭的猎捕，应在符合要求的情况下予以特赦。

第六节　西班牙——“联合管理”模式

西班牙遴选国家公园的主要标准是具有自然文化价值与生态景观的独特性，并被纳入国家公园网络中。西班牙现有 10 余处国家公园，其中 Garajonay National Park 作为文化遗产，Dofiana National Park 和 Teide National Park 作为自然遗产被列入《世界遗产名录》，成为保护自然和文化资源的重要途径。

一、联合管理体系

西班牙建立了包括中央政府、大区政府和国家公园在内的三级管理体系，推行中央和地方政府联合管理国家公园的新模式。国家公园管理署主管全国范围内国家公园的监督管理工作，隶属于中央政府的环境、农村和海洋部。近年来国家公园的管理权限逐步下放至大区政府，由大区环境部门负责大区内国家公园的管理事务。

西班牙还建立了联合管理体制下国家公园的准入和退出机制，制定了相应的法定标准合法定审批程序。准入机制包括：首先应通过所在大区的审批；其次经公众咨询无异议后才能提交中央政府；最后经国家议会批准成立。国家公园若长期违反相关法律要求，不能完成公园目标，将会失去国家公园资格，退出国家公园网络。

二、国家公园网络

西班牙现形成覆盖全部国家公园的国家公园网络，以加强国家公园建设。国家公园管理署作为国家公园网络的主管单位，从资金投入、人员培训、资源保护、土地管理等方面，对全国的国家公园予以支持并统一管理。此外，国家公园网络负责对国家公园保护、科研、公众使用、培训和宣传工作等方面进行规划。

为了保护自然资源和文化资源，国家公园外的区域建立了包括外围保护区和社会经济影响区的两级缓冲区。外围保护区主要是保护自然环境的稳定性，社会经济影响区则是保证公园的可持续发展。这也是国家公园网络中区域合作的重要方式，通过公园内部与外部的分工协作，以保护资源不受侵害。

三、管理总体规划

为确保规划工作的有效进行，西班牙成立了国家公园利用管理规划委员会，监督国家公园的规划制定和实施。总体规划分为国家公园网络利用管理总体规划、公园利用管理总体规划、公园利用管理总体规划三级规划体系，其有效期是无限的。公园管理部门要按照各级规划保护自然和文化资源，促进公众使用和旅游。

其中，国家公园网络利用管理总体规划主要对国家公园保护、科研、公众使用、培训和宣传工作等方面进行规划；公园利用管理总体规划旨在说明国家公园成立的必要性及局限性；管理实施计划则包括公众利用计划、自然资源保护计划、林火管理计划、物种及其栖息地管理计划等。

第七节　韩国——“协同管理”模式

韩国国家公园体系包括国立、道立、郡立三级国立公园，以促进自然生态系统、自然以及文化景观的地区的保护及可持续发展。韩国现已形成了人文地域特色与自然生态系相结合的国立公园系统，把拥有独特自然和人文景观的地区作为保护核心，并将其定义为“代表韩国的自然生态系统以及文化景观的地区”。

一、直接与间接管理相结合

韩国环境部部长委托成立国立公园公团，负责调查和研究国家公园资源，从而保存和管理文化与自然资源。国立公园公团也负责在公园内建造并维护各项基础设施，开发丰富多样的旅游探访项目，为社会公众提供优质服务。此外，国立公园公团承担公园宣传工作，致力于营造积极的公园管理舆论，引导利益相关方的合作，提高国家公园的国际认知度。

国立公园公团直接管理除了汉拿山国立公园之外的22座韩国国立公园，对于汉拿山国立公园采取间接管理模式。汉拿山由于受地理位置、海拔及地势的影响，气候特征和自然环境与其他国家公园相比有较大的差别，因此由济州特别自治岛管理进行直接管理。直接与间接管理相接的管理模式，既可以节约管理成本，又可以突出公园的个性化特征，从而促进国家公园体系更好发展。

二、社区协同管理

韩国国家公园的管理强调多方参与，倡导社区共管。由于土地私有制，使得国家公园的土地权属问题复杂，政府通过购买土地迁出居民的方式来整合公园用地，以保证生态系统的完整性。但在复杂的土地所有制环境下，仍然存在利益群体间的矛盾，对此国家公园管理公团通过公益项目等方式，联结社区居民、社会组织、地方政府、专业人才等相关利益方，实现对国立公园的协同管理模式。

三、国家公园研究院

为保护濒危动植物、维持生态平衡，对国家公园内的自然资源进行调查、研究、管理和保护，韩国国家公园管理公团成立了国家公园研究院。作为综合性科研机构，研究院建立了水质监测网和自然资源数据库，成立了濒危物种复原中心，并在各公园内部设置试验站，为扩大社会影响力还创办了学术期刊。研究院重点监测典型物种、濒危物种的生存状况，致力于恢复与开发珍稀动植物资源，并积极与高校合作开展研究工作。

参考文献

[1]陈洁，陈绍志，徐斌．西班牙国家公园管理机制及其启示［J］．北京林业大学学报（社会科学版），2014，13（4）：50–54.

[2]张天宇，乌恩．澳大利亚国家公园管理及启示［J］．林业经济，2019，41（8）：20–24，29.

[3]闵庆文，李禾尧，张碧天．韩国国家公园建设与管理的启示［N］．中国环境报，2020–04–10（004）.

[4]李霞．美国、加拿大等国家公园游客管理体系及启示［J］．福建林业科技，2020，47（1）：92–97，114.

后 记

《国家文化公园管理总论》为邹统钎教授担任首席专家的国家社会科学基金艺术学重大项目《国家文化公园政策的国际比较研究》(20ZD02)的研究成果之一，为《国家(文化)公园经典案例》的姐妹篇。全书由邹统钎统一组织编写，并拟定了编写大纲，吕敏负责统稿与文字编辑。具体写作分工为：第一章，邹统钎、吕敏、杨奥博；第二章，邹统钎、黄鑫、阎芷歆；第三章，邹统钎、韩全、张梦雅、李晨曦；第四章，邹统钎、常梦倩、邱子仪、丁奕文；第五章，邹统钎、陈欣、李栋斌；第六章，邹统钎、陈歆瑜。

本书为北京第二外国语学院中国文化和旅游产业研究院集体合作的结晶。感谢“北京市教委科技创新服务能力建设”经费专项资助。本书还得到了旅游管理北京市高精尖学科建设经费的支持，衷心感谢中国旅游出版社的精心编辑与大力支持。

邹统钎

2020 年 1 月草稿于丝绸之路国际旅游大学(撒马尔罕)

2020 年 10 月 24 日定稿于北京第二外国语学院(北京)